Taste of food

食在味道
一盘好菜

安 钢◎主编

吉林科学技术出版社

图书在版编目（CIP）数据

食在味道 一盘好菜 / 安钢主编. -- 长春 ： 吉林
科学技术出版社，2017.5
ISBN 978-7-5578-1951-4

Ⅰ．①食… Ⅱ．①安… Ⅲ．①菜谱－中国 Ⅳ．
①TS972.182

中国版本图书馆CIP数据核字(2017)第067641号

SHI ZAI WEIDAO　　　YI PAN HAOCAI

食在味道 一盘好菜

主　　编　安　钢
出 版 人　李　梁
策划责任编辑　朱　萌
执行责任编辑　冯　越
封面设计　张　虎
制　　版　长春创意广告图文制作有限责任公司
开　　本　710 mm×1000 mm　1/16
字　　数　200千字
印　　张　12
印　　数　7 001-10 000册

版　　次　2017年5月第1版
印　　次　2017年10月第2次印刷
出　　版　吉林科学技术出版社
发　　行　吉林科学技术出版社
地　　址　长春市人民大街4646号
邮　　编　130021
发行部电话/传真　0431-85652585　85635177　85651759
　　　　　　　　　　85651628　85635176
储运部电话　0431-86059116
编辑部电话　0431-85659498
网　　址　www.jlstp.net

印　　刷　吉广控股有限公司
书　　号　ISBN 978-7-5578-1951-4
定　　价　39.80元

本书使用说明

精美菜肴图片　　　　所需食材　菜肴名称　步骤详解

小贴士

步骤分解图

如何鉴别油温

油锅	温油锅	热油锅	旺油锅	旺热油锅
热度	三四成热	五六成热	七八成热	九十成热
温度	85～130℃	140～180℃	190～240℃	250℃以上
油面	油面平静	油面波动	油面平静	油面平静
油烟和声响	无烟和声响	有青烟	有青烟，手勺搅动时有声响	油烟密而急有灼人的热气
原料入锅现象	原料入锅后有少量气泡伴有沙沙声	原料入锅后气泡较多伴有哗哗声	原料入锅后有大量气泡并伴有噼啪的爆炸声	原料入锅后大泡翻腾伴爆炸声

1小匙 ≈ 2g　　1大匙 ≈ 10g

Contents 目录

 香气四溢的炒菜

第一章

咕嘟咕嘟浓香炖

第二章

蒸出一锅好味道
第四章

最下饭的凉拌菜
第五章

让味蕾先行一步，
几样食材，一盘炒菜，
用美食削减工作一天的疲劳。

第一章

香气四溢的
炒菜

豉酱炒鸡片

 使用食材

 烹饪步骤

鸡胸肉300克
豆豉25克
蒜片、姜块、
小辣椒、
胡椒粉、白糖、
淀粉、料酒、
酱油、番茄酱、
香油、植物油
各适量

1. 豆豉用刀剁成碎粒；姜块去皮、洗净，切成碎末，净锅置火上，加入少许植物油烧热，放入豆豉煸炒出香味。

2. 加入姜末、番茄酱、白糖、香油炒匀，出锅成豆豉酱汁。

3. 鸡胸肉剔去筋膜，洗净，片成薄片，放入碗中，加入少许料酒、酱油、淀粉、胡椒粉拌匀并腌渍入味。

4. 锅中加油烧热，下入鸡肉片滑至变色，捞出沥油。

5. 原锅留少许底油烧热，下入蒜片和小辣椒炒出香辣味，再倒入调制好的豆豉酱汁翻炒至浓稠。

6. 放入滑好的鸡肉片快速翻炒至均匀入味，淋入香油炒匀，出锅装盘即可。

豉椒爆黄鳝

 使用食材

鳝鱼300克
青椒、黄椒
各50克
姜末、蒜片
各10克
精盐、味精
各1/2小匙
豆豉1小匙
料酒、植物油
各1大匙

烹饪步骤

1. 鳝鱼宰杀，洗涤整理干净，剁成小段，再放入沸水中焯去血水，捞出沥干。

2. 青椒、黄椒分别洗净，去蒂及籽，切成块。

3. 锅中加油烧热，先下入姜末、蒜片、豆豉炒出香味，再放入鳝鱼段，烹入料酒，用小火炒熟。

4. 加入青椒块、黄椒块翻炒至熟，加入精盐、味精调好口味即可装盘上桌。

豉椒炒牛蛙

 使用食材

牛蛙500克
青椒、红椒
各2个
豆豉1大匙
生抽2小匙
姜末、蒜末、
精盐、水淀粉、
植物油各适量

 烹饪步骤

1. 将牛蛙宰后洗净，斩成4块，放入碗中，加入植物油、生抽和少许水淀粉拌匀；青椒、红椒均洗净、切块备用。

2. 锅中加油烧热，放入青椒块、红椒块略炒，盛出备用。

3. 锅中留底油烧热，先爆香姜末、蒜末、豆豉，再放入牛蛙块略炒，加入精盐炒匀，用剩余的水淀粉勾芡，再放入青椒块、红椒块炒熟即可。

春笋炒鸡胗

🍆 **使用食材**

鸡胗200克
春笋150克
红椒片30克
葱段、泡姜片
各5克
精盐、味精
各1/2小匙
料酒、水淀粉
各1大匙
鲜汤2大匙
植物油适量

🍲 **烹饪步骤**

1. 鸡胗洗净，剞上十字花刀，切小块；春笋去皮、洗净，切成块，分别入锅焯烫，捞出沥干。

2. 锅中加油烧热，先下入葱段、泡姜片炒香，再烹入料酒，放入春笋块、鸡胗块、红椒片煸炒。

3. 加入鲜汤、精盐、味精炒至入味，用水淀粉勾薄芡，出锅装盘即可。

TIPS

春笋用盐水焯水，可去除竹笋特有的涩味。

葱爆鸭块

使用食材

鸭腿500克
葱段100克
鸡蛋1个
精盐、鸡精、
白糖、面粉、
酱油、料酒、
香油、植物油
各适量

烹饪步骤

1. 葱段去根和老叶，洗净，沥去水分，斜刀切成长段。

2. 鸭腿剔去骨头，洗净、沥水，先在内侧剞上浅十字花刀，再切成2厘米大的块，放入碗中，加入精盐、酱油、面粉拌匀。

3. 鸡蛋打散，加入面粉备用。

4. 倒入鸭腿块，然后加入少许植物油拌匀，锅中加入植物油烧至六成热，下入葱段炸至金黄色，捞出。

5. 待油温升至七成热时，放入鸭块拨散、炸熟，捞出沥油。

6. 锅留底油烧热，放入炸好的鸭块和葱段煸炒出香味，加入料酒、白糖、精盐、酱油和少许清水烧沸，撒上鸡精。

冬笋炒腊肉

 使用食材

腊肉500克
冬笋200克
红椒、青椒
各适量
大蒜25克
干辣椒、精盐、
味精、料酒、
酱油、豆豉、
鸡汤、植物油
各适量

烹饪步骤

1. 腊肉用清水刷洗干净，沥去水分，切成大片，放入沸水锅内焯烫片刻，捞出沥水。

2. 冬笋去根，削去外皮，洗净，切成菱形片。

3. 青椒、红椒去蒂和籽，洗净、沥水，切成小块。

4. 大蒜剥去外皮，放在案板上，先用刀背拍散，再剁成蓉。

5. 锅中加入少许植物油烧热，下入蒜蓉炒至浅黄色，放入切碎的豆豉和干辣椒段炒出香辣味，再放入腊肉片、冬笋片、青椒块和红椒块炒匀。

6. 烹入料酒，加入酱油、精盐、鸡汤烧沸，调入味精翻炒均匀，淋入少许明油，出锅装盘即可。

拔丝豆腐

 使用食材

豆腐400克
精盐1/2小匙
白糖120克
淀粉2大匙
植物油1500克
（约耗25克）

 烹饪步骤

1. 豆腐洗净，放入沸水锅中烫一下，捞出沥水，切成小丁，再加入精盐腌渍，沥去水分。

2. 锅中加入植物油烧至七成热，将豆腐丁拍匀淀粉，入锅炸至金黄色，捞出沥油。

3. 净锅复置火上，加入清水、白糖（1：6），用小火搅炒至糖色发黄时，再放入豆腐丁翻炒均匀即可出锅装盘。

冬菜炒莴笋

🥒 **使用食材**

莴笋300克
红椒50克
冬菜30克
葱末、姜末、
蒜末各5克
精盐、米醋、
香油各1/2小匙
味精1/3小匙
植物油1大匙

🍲 **烹饪步骤**

1. 红椒用清水洗净，去蒂及籽，切成小条，冬菜放入小碗内，加入清水浸泡片刻，去除盐分。

2. 捞出冬菜，控净水分，改刀切成碎粒，再放入沸水锅中焯烫一下，捞出沥干。

3. 莴笋去根，削去外皮，用清水洗净，沥干水分；先把莴笋顺长切成两半，再切成半圆形的薄片，放入沸水锅内焯烫片刻，捞出沥干。

4. 坐锅点火，加油烧热，下入葱末、姜末、蒜末炒香，放入冬菜略炒，再下入莴笋片、红椒条炒匀，加入精盐、米醋、味精翻炒至入味，淋上香油即可出锅。

菜心炒猪肝

 使用食材

 烹饪步骤

猪肝300克
菜心200克
蒜瓣10克
姜块5克
精盐1/2大匙
味精、胡椒粉、
上汤各少许
生抽2小匙
水淀粉、料酒、
香油各1小匙
植物油3大匙

1. 猪肝洗净，切成大片，放入碗中，加入少许淀粉抓匀，姜块、蒜瓣分别去皮、洗净，均切成碎末。

2. 上汤、精盐、生抽、味精、胡椒粉、水淀粉调匀成芡汁，菜心去老叶，洗净，在根部剞上十字花刀。

3. 锅中加油烧热，放入菜心和少许精盐翻炒至熟，盛出。

4. 锅中加油烧至七成热，放入猪肝片滑透，捞出沥油，锅中留少许底油烧热，下入蒜末、姜末炒香。

5. 放入猪肝片和菜心，用大火翻炒至均匀出味，烹入料酒，倒入调好的芡汁翻炒均匀，再淋入香油炒匀即可出锅装盘。

草菇爆鸡丝

使用食材

鲜草菇300克
鸡胸肉200克
韭黄20克
蛋清15克
姜汁、料酒
各2小匙
精盐、白糖、
生抽、
水淀粉、
植物油
各适量

烹饪步骤

1. 鲜草菇去蒂，用清水洗净，改刀切成片，放入沸水锅内焯烫一下，捞出沥干。

2. 韭黄去根，用清水洗净，沥净水分，切成小段。

3. 鸡胸肉剔去筋膜，洗净，放在案板上，先切成大片，再把鸡肉片切成细丝.

4. 放入小碗内，加入料酒、姜汁、蛋清和少许精盐、水淀粉腌渍片刻。

5. 坐锅点火，加油烧热，放入鸡肉丝滑炒片刻，盛出，锅留底油烧热，放入草菇用大火翻炒1分钟，再放入鸡肉丝和韭黄段快速翻炒均匀。

6. 加入生抽、白糖和精盐调好口味，勾薄芡即可出锅装盘。

红椒炒花腩

 使用食材

 烹饪步骤

红椒250克
猪五花肉150克
冬笋25克
木耳15克
精盐、味精、
白糖、香油
各1/2小匙
酱油1/2大匙
料酒1大匙
植物油适量

1. 红椒洗净，去蒂及籽，改刀切成菱形小块。

2. 木耳用温水泡软，去蒂、洗净，撕成小块；冬笋切成菱形片，木耳和笋片放入沸水锅中焯烫一下，捞出沥净水分。

3. 猪五花肉洗净，擦净表面水分，切成小片，放入碗中，加入酱油、少许料酒拌匀，腌渍10分钟。

4. 锅中加油烧至七成热，放入猪肉片炸至熟透，捞出沥油，锅留底油烧热，下入红椒片煸炒片刻出香味。

5. 放入五花肉片、冬笋片和木耳块翻炒均匀，加入精盐、味精、料酒、白糖炒至入味，淋入香油翻炒均匀，出锅装盘即可。

海螺肉炒西芹

 使用食材

西芹200克
海螺肉100克
百合50克
姜末、蒜片
各5克
精盐、味精
各1/2小匙
料酒1大匙
水淀粉2小匙
植物油3大匙

烹饪步骤

1. 海螺肉择洗干净，切成薄片；西芹去皮、洗净，切成菱形片；百合去根、洗净，掰成小瓣。

2. 将西芹、百合、螺肉片分别放入沸水锅中焯烫一下，捞出沥干。

3. 坐锅点火，加油烧至五成热，先下入姜末、蒜片炒香，再放入西芹、百合、螺肉片炒匀。

4. 烹入料酒，加入精盐、味精翻炒至入味，再用水淀粉勾芡，淋入明油即可出锅装盘。

海鲜扒豆腐

 使用食材

 烹饪步骤

豆腐1块
鱿鱼70克
海参、虾仁各50克
小油菜少许
葱段10克
姜片5克
精盐、鸡精、白糖、
蚝油各1小匙
植物油1500克
水淀粉、高汤各适量

1. 豆腐洗净，切成片，放入热油锅中炸至金黄色，放入盘中。

2. 鱿鱼、海参洗净，均切成片。

3. 锅中加入清水烧沸，分别放入鱿鱼片、海参片、小油菜焯烫一下，捞出沥水。

4. 锅中加油烧热，下入葱段、姜片炒香，加入蚝油、高汤、豆腐片、虾仁、鱿鱼、海参、小油菜、调料扒至入味，用水淀粉勾薄芡，出锅装碗即可。

家常炮羊肉

 使用食材

羊肉250克
西红柿、青椒、
胡萝卜、洋葱各25克
鸡蛋清1个
姜末5克
精盐、味精
各1/2小匙
料酒、水淀粉
各1大匙
香油1小匙
植物油2大匙

 烹饪步骤

1. 西红柿、青椒、胡萝卜、洋葱洗净，切成小片。

2. 羊肉洗净、切片，加入蛋清、水淀粉、少许精盐和料酒拌匀，再下入热油锅中滑透，捞出沥油。

3. 锅中留底油烧热，先下入姜末炒香，再放入洋葱片、胡萝卜片略炒。

4. 加入羊肉片、青椒片、西红柿片、料酒、精盐、味精炒至入味，再淋入香油即可出锅。

桂花土豆丝

🍆 使用食材

土豆150克
鸡蛋2个
绿豆芽50克
粉丝20克
葱末、姜末、
精盐、白糖、
胡椒粉、
香油、植物油
各适量

🍲 烹饪步骤

1. 土豆洗净，削去外皮，切成细丝，放入碗中，加入精盐拌匀，洗净后再放入清水中浸泡3分钟。

2. 粉丝用清水浸洗干净，再放入沸水锅中焯烫一下，捞出沥干；绿豆芽洗净，用沸水略烫一下，捞出沥干。

3. 鸡蛋磕入碗中，加入少许精盐、植物油、胡椒粉打散成鸡蛋液。

4. 将土豆丝、粉丝、绿豆芽一同放入碗中，加入精盐、白糖、胡椒粉及打散的鸡蛋液调匀。

5. 取小碗1个，加入姜末、葱末、精盐、白糖、香油、胡椒粉调匀成味汁。

6. 净锅置火上，加入植物油烧至六成热，放入拌好的土豆丝炒散，再烹入味汁调好口味，出锅装盘即成。

蚝油海丁

 使用食材

海丁400克
洋葱75克
香菜15克
葱段、姜片
各10克
精盐1小匙
料酒、蚝油
各1大匙
味精、胡椒粉、
水淀粉、香油、
植物油各适量

烹饪步骤

1. 把海丁刷洗干净，放在容器内，加上少许料酒和植物油拌匀，腌泡10分钟。

2. 香菜去掉菜根和老叶，洗净，切成小段；洋葱剥去老皮，切成小丁。

3. 净锅置火上，放入清水、葱段、姜片烧沸，倒入海丁焯烫1分钟，捞出海丁，放入冷水中过凉，沥净水分。

4. 净锅置火上，放入植物油烧至六成热，下入洋葱丁煸炒出香味，倒入海丁，放入蚝油，转中小火炒至入味。

5. 烹入料酒，加入精盐、味精和胡椒粉调好菜肴口味，用水淀粉勾芡，淋上香油推匀，撒上香菜段调匀，出锅装盘，上桌即可。

荷兰豆炒白果

 使用食材

荷兰豆250克
白果仁50克
蒜末10克
精盐1小匙
味精1/2小匙
白糖2小匙
水淀粉1大匙
香油少许
植物油2大匙

 烹饪步骤

1. 将荷兰豆去除豆筋、洗净，切成菱形块；白果仁放入清水中浸泡30分钟，捞出沥干。

2. 锅中加入适量清水烧沸，分别放入荷兰豆、白果仁焯至断生，捞出沥干。

3. 锅中加油烧至六成热，先下入蒜末炒出香味，再放入荷兰豆、白果仁略炒，然后加入精盐、白糖、味精翻炒至入味，再用水淀粉勾芡，淋入香油，即可出锅装盘。

滑熘鸡片

 使用食材

鸡胸肉250克
黄瓜50克
木耳3个
鸡蛋清1个
葱花、蒜片各少许
精盐、味精各1/2小匙
料酒、香油、
姜汁各1小匙
淀粉适量
植物油500克
（约耗60克）

🍲 烹饪步骤

1. 黄瓜洗净，削去外皮，改刀切成小片。

2. 木耳用清水泡软，去蒂、洗净，撕成小块，放入沸水锅内焯烫一下，捞出沥净水分。

3. 精盐、味精、姜汁、鲜汤、水淀粉放入碗中调匀成芡汁。

4. 鸡胸肉剔去筋膜，洗净，切成3厘米大小的薄片，放入碗中，加入少许精盐、味精、鸡蛋清和淀粉拌匀上浆。

5. 锅中加油烧至四成热，放入鸡肉片滑散、滑透，捞出沥油，锅留少许底油烧热，下入葱花、蒜片炝锅出香味。

6. 烹入料酒，放入黄瓜片和木耳块煸炒片刻，倒入芡汁炒匀，放入鸡肉片用大火翻熘均匀，淋入香油，即可出锅装盘。

黄豆芽炒榨菜

 使用食材

黄豆芽300克
榨菜100克
葱末、姜末各10克
味精1小匙
白糖1/2小匙
酱油、料酒
各1大匙
香油少许
水淀粉2小匙
清汤3大匙
植物油2大匙

烹饪步骤

1. 将黄豆芽择洗干净；榨菜洗净、切丁，用温水浸泡20分钟，捞出沥干。

2. 锅中加油烧热，先下入葱、姜炒香，再放入黄豆芽煸炒至软。

3. 烹入料酒，加入榨菜丁、酱油、白糖、味精和清汤，大火翻炒至熟，再用水淀粉勾薄芡，淋入香油即可出锅装盘。

TIPS

黄豆芽富含胡萝卜素，具有清热利湿、润肤的功效。

海鲜炒韭黄

使用食材

鲜鱿鱼1个
虾仁、
海螺肉、韭黄
各100克
水发木耳、
红尖椒各50克
鸡蛋2个
精盐、味精
各1小匙
料酒1大匙
植物油2大匙

烹饪步骤

1. 韭黄择洗干净，沥净水分，切成3厘米长的小段，水发木耳去蒂、洗净，切成丝。

2. 红尖椒去籽、洗净，切成丝。

3. 鲜鱿鱼去外膜和内脏，洗涤整理干净，切成菱形片，虾仁去沙线，洗净，加入少许精盐、料酒拌匀，腌渍片刻。

4. 海螺肉放入淡精盐水中浸泡并洗净，取出沥水，片成大片，将鱿鱼、虾仁和海螺片放入沸水锅内焯烫一下，捞出沥干。

5. 鸡蛋磕入碗中搅匀，放入热油锅中摊成蛋皮，取出切成丝。

6. 锅中加油烧至七成热，放入鱿鱼、虾仁、海螺片稍炒，烹入料酒，放入韭黄段、木耳丝和红尖椒丝翻炒均匀，加入精盐、味精调味，撒上蛋皮丝炒匀，出锅装盘即可。

家常醋熘藕

 使用食材

鲜嫩藕500克
花椒10粒
植物油1大匙
精盐、白糖、
香油各1/2小匙
白醋1大匙

烹饪步骤

1. 将藕去皮洗净，横着切成薄片，用凉水投一下捞出，沥干水分。

2. 将炒锅烧热，加适量底油，放入花椒粒炸出香味，捞出花椒不要，放入藕片翻炒。

3. 烹白醋，加白糖、精盐调匀淋在藕片上，翻拌均匀，淋适量香油即成。

TIPS

切过的莲藕要在切口处覆以保鲜膜，可以冷藏保鲜一个星期左右。

豇豆炒豆干

使用食材

豆腐干300克
豇豆200克
葱段、姜片、
蒜末各10克
精盐、味精、
胡椒粉各1/2小匙
酱油1大匙
水淀粉2小匙
香油1小匙
植物油500克
（约耗30克）

烹饪步骤

1. 豆腐干洗净、切条，用沸水焯透，再加入酱油拌匀，下入七成热油中略炸，捞出沥油。

2. 豇豆洗净、切段，用沸水略焯，捞出沥干。

3. 锅中加油烧热，先下入葱段、姜片、蒜末炒香，再放入豇豆略炒，加入豆腐干、精盐、味精、胡椒粉炒至入味，再用水淀粉勾芡，淋入香油即可。

TIPS

豇豆一定要炒熟，半生不熟的豇豆含有毒物质，对人体有害。

鸡丁榨菜鲜蚕豆

 使用食材

鸡胸肉200克
咸榨菜150克
鲜蚕豆100克
鸡蛋清1个
葱花、姜末
各10克
精盐、味精
各1小匙
白糖2小匙
水淀粉、料酒、
植物油各2大匙

烹饪步骤

1. 榨菜用清水浸泡、洗净，切成小粒；鸡肉洗净，切小粒，加入精盐、料酒、蛋清、水淀粉略腌，再放入热油锅中滑熟，捞出沥油。

2. 锅留底油烧热，先下入葱花、姜末炒香，再放入榨菜粒、鲜蚕豆炒熟，加入鸡肉粒炒匀，加入精盐、料酒、味精、白糖调味，装盘即可。

TIPS

蚕豆中的蛋白质含量丰富，且不含胆固醇，能够预防心血管疾病。

京味洋葱烤肉

🍆 使用食材

肥牛片400克
洋葱150克
葱段25克
姜块15克
小葱花5克
精盐、白糖
各1小匙
味精少许
酱油、甜面酱、
烤肉酱各1大匙
植物油2大匙

🍲 烹饪步骤

1. 葱段去根和老叶，洗净，切成小块；姜块去皮，洗净，切成丝。

2. 肥牛片放在容器内，加上酱油、精盐、胡椒粉、味精和香油调拌均匀，再加上姜丝、葱块和植物油充分搅拌均匀，腌渍入味。

3. 洋葱剥去外皮，用清水洗净，沥净水分，切成洋葱圈。

4. 净锅置大火上，放入少许植物油烧热，把腌好的肥牛片先加上甜面酱、烤肉酱拌匀，再下入锅内，用筷子轻轻拨散，待肥牛片变色后，离火。

5. 净锅复置火上烧热，放入洋葱圈炒至变软，淋上少许香油，放入肥牛片稍炒片刻，离火出锅，装盘，撒上小葱花即可。

火爆鸡心

 使用食材

鸡心300克
洋葱75克
青椒、红椒
各1个
干辣椒5克
精盐、白糖、
香油各1小匙
味精少许
淀粉、水淀粉、
料酒各1大匙
酱油1/2大匙
黑豆豉、
陈醋各2小匙
植物油2大匙

 烹饪步骤

1. 洋葱、青椒、红椒分别择洗干净，沥净水分，均切成小块。

2. 鸡心去净油脂，用清水洗净，片成薄片，放入碗中，加入精盐、料酒、淀粉调拌均匀。

3. 料酒、酱油、味精、白糖放入小碗中调拌均匀成味汁。

4. 净锅置火上，加入植物油烧至六成热，先下入干辣椒和黑豆豉炒出香味。

5. 再放入鸡心片翻炒均匀，放入洋葱块和青椒块、红椒块炒拌均匀。

6. 用水淀粉勾芡，烹入调好的味汁，淋入陈醋、香油炒匀，出锅装盘即可。

茭白炒肉丝

 使用食材

 烹饪步骤

茭白200克
猪肉150克
泡辣椒3根
精盐、味精、
胡椒粉各少许
料酒2小匙
水淀粉5大匙
鲜汤、熟猪油
各100克

1. 将猪肉洗净，切成粗丝，再放入碗中，加入少许精盐、水淀粉拌匀，码味上浆。

2. 泡辣椒去蒂及籽，切成细丝；茭白去根、洗净，切成长丝；碗中加入精盐、味精、料酒、水淀粉、鲜汤调匀，制成味汁。

3. 锅中加油烧热，先下入肉丝略炒，再放入茭白炒匀，然后烹入味汁炒至入味即可出锅。

椒条荷兰豆

 使用食材

 烹饪步骤

荷兰豆250克
红椒50克
精盐1/2小匙
味精、香油
各1/3小匙
植物油4小匙

1. 将荷兰豆择洗干净，先顺切两半，再切成小条。

2. 锅中加入适量清水烧沸，放入荷兰豆焯至断生，捞起用冷水冲凉，沥干水分。

3. 红椒洗净，去蒂去籽，切成小条，放入热油锅中炒出香味。

4. 将荷兰豆放入盆内，加入精盐、味精、香油、红椒条调拌均匀即可装盘上桌。

焦炒鱼片

 使用食材

 烹饪步骤

净鱼肉300克
鸡蛋1个
青、红椒块各少许
葱段、蒜片、
姜末各少许
精盐、味精各1/3小匙
料酒、酱油各1大匙
香油、白糖各1/2大匙
白醋1小匙
植物油1000克
（约耗75克）

1. 将鱼肉切成"坡刀片"，装入碗中，加入精盐、味精、料酒调味，再挂上"全蛋糊"，下入七成热油中炸至表皮稍硬，捞出磕散，待油温升高，再下油炸透，呈金黄色时捞出，沥油备用。

2. 小碗中放入精盐、味精、酱油、白糖和适量鲜汤调匀，制成清汁备用。

3. 锅中加油烧热，放入葱段、姜末、蒜片炒香，再放入鱼片、青红椒块略炒，烹入白醋、料酒，加入调好的清汁炒匀，再淋入香油即可出锅装盘。

金菇爆肥牛

 使用食材

金针菇200克
肥牛肉片150克
姜丝10克
精盐1/2小匙
料酒、黄油、
植物油各1大匙

烹饪步骤

1. 将金针菇洗净，去蒂、撕散，放入沸水锅中焯烫一下，捞出沥干；肥牛肉片放入沸水锅中焯烫一下，捞出沥水。

2. 锅置火上，加入植物油和黄油烧热，下入姜丝炒出香味，放入金针菇和肥牛肉片稍炒。

3. 烹入料酒，加入精盐爆炒均匀，出锅装盘即成。

TIPS

金针菇性寒，脾胃虚寒、腹泻的人忌食。

韭黄炒肚丝

 使用食材

熟猪肚300克
韭黄200克
红辣椒2个
精盐、花椒油
各1小匙
米醋、料酒
各1大匙
植物油2大匙

烹饪步骤

1. 韭黄择洗干净，沥去水分，切成5厘米长的段，红辣椒洗净，去蒂和籽，切成细丝。

2. 熟猪肚内侧翻过来，片去油脂和杂质，用清水洗净，锅置火上，加入适量清水和料酒烧沸，放入猪肚焯烫一下，捞出猪肚，放入冷水中过凉，沥去水分，切成细丝。

3. 锅置火上，加入植物油烧至七成热，下入红辣椒丝爆香，烹入料酒，放入猪肚丝用大火快速翻炒均匀入味。

4. 撒入韭黄段翻炒至熟，再加入精盐、米醋炒匀。

5. 淋上烧热的花椒油翻炒均匀，出锅装盘即成。

川味炒豆尖

 使用食材

豆苗400克
蒜瓣25克
大葱10克
精盐1小匙
米醋、味精、
香油各少许
植物油2大匙

 烹饪步骤

1. 选用新鲜、茎粗、肥嫩的豆苗，去掉根，用清水洗净，沥干水分。

2. 蒜瓣剥去外皮，洗净，沥水，剁成蒜蓉；大葱去根，洗净，切成碎末。

3. 锅置大火上烧热，放入植物油烧至五成热，下入蒜蓉和葱末煸炒出香味。

4. 投入豆苗，端锅不断翻炒片刻，烹入米醋，继续煸炒至豆苗由青变绿。

5. 快速放入精盐和味精调好口味，继续煸炒至豆苗断生并且入味，淋上香油，出锅装盘，立即上桌即成。

酱爆里脊丁

羊里脊肉300克
花生米50克
鸡蛋1个
葱段、姜块、
蒜瓣各10克
精盐、味精
各1/3小匙
白糖1大匙
水淀粉适量
黄酱、料酒
各2大匙
香油1小匙
清汤适量
植物油750克
（约耗50克）

烹饪步骤

1. 葱段切成丝；姜块、蒜瓣去皮、洗净，均切成小片。

2. 花生米放入温油锅内炸酥，捞出沥油。

3. 黄酱放入碗中，加入少许清水调拌均匀成黄酱浓汁。

4. 羊里脊肉洗净，切成1厘米厚的大片，剞上浅十字花刀，再切成小丁，加入精盐、味精、料酒、鸡蛋液、淀粉拌匀。

5. 锅中加入植物油烧热，下入羊肉丁滑散、滑透，捞出沥油，锅加少许底油烧热，下入葱丝、姜片和蒜片爆出香味，烹入料酒，加入黄酱汁、白糖、精盐、味精和清汤烧沸。

6. 用水淀粉勾薄芡，再淋上香油炒至浓稠，倒入炸好的羊肉丁和花生米快速炒匀，出锅装盘即成。

辣子肉丁

 使用食材

猪肉450克
青笋50克
红泡椒30克
葱末、姜末、
蒜末各15克
精盐、白醋各1大匙
味精、白糖各1/2小匙
酱油、水淀粉各2小匙
料酒、鲜汤、
植物油各2大匙

 烹饪步骤

1. 猪肉洗净、切丁，加入精盐、水淀粉上浆；青笋去皮、切丁，用精盐略腌；精盐、白糖、酱油、白醋、味精、料酒、水淀粉、鲜汤调成味汁。

2. 锅中加油烧热，先下入猪肉丁炒散，再放入葱末、姜末、蒜末、红泡椒炒香上色，加入青笋丁炒匀，再烹入味汁炒至收汁即可出锅装盘。

TIPS

这道菜也可以用黄瓜代替青笋。

芦笋炒虾干

芦笋150克
白虾干100克
姜末少许
精盐、白糖、
胡椒粉、
鸡精各1/3小匙
味精、料酒
各1/2小匙
水淀粉适量
植物油3大匙

🍲 烹饪步骤

1. 芦笋切去根，刮去外皮，用清水洗净，擦净芦笋表面水分，改刀切成菱形小片。

2. 放入沸水锅内焯至断生，捞入冲凉，沥干水分。

3. 白虾干用清水洗净，放在小碗里，将盛有虾干的碗上笼，用大火蒸至虾干发软。

4. 取出蒸好的虾干，放入沸水锅中焯一下，捞出沥水。

5. 炒锅置火上，倒入植物油烧至四成热，下入姜末炒香，再放入芦笋片和蒸好的白虾干，用大火炒匀，加入精盐、料酒、胡椒粉、白糖、味精、鸡精调好口味，快速翻炒均匀，用水淀粉勾芡收汁，出锅装盘即成。

辣白菜炒肥肠

 使用食材

 烹饪步骤

猪大肠300克
辣白菜1/2棵
洋葱1个
精盐、味精、
料酒、白醋、
酱油、白糖、
水淀粉、清汤、
辣椒油、植物油
各适量

1. 猪大肠洗涤整理干净，放入沸水中焯透，去除腥异味；辣白菜切片；洋葱去皮，切瓣备用。

2. 炒锅上火，加油烧至七成热，下入大肠炸至金黄色，捞出沥干备用。

3. 锅中留少许底油，先下入洋葱炒香，再烹入料酒、白醋，然后加入酱油、白糖、精盐、味精，添入少许清汤，再下入辣白菜和大肠翻炒入味，用水淀粉勾芡，淋入辣椒油即可出锅装盘。

栗子扒白菜

 使用食材

白菜心400克
栗子肉250克
葱末、姜末
各5克
精盐、味精、
白糖、酱油、
香油各少许
料酒、水淀粉
各1大匙
高汤适量
植物油3大匙

🍲 烹饪步骤

1. 将白菜心洗净，顺切成长条，放入沸水锅中焯至熟软，捞出沥水，码放入盘中。

2. 锅中加油烧热，下入葱末、姜末炒香，加入料酒、酱油、精盐、高汤、白糖、味精、栗子烧沸，转小火扒至入味，加水淀粉勾芡，淋香油，装盘即可。

TIPS

制作这道菜最好选择颜色金黄的生板栗，如果没有，用熟的也可以。

麻辣干笋丝

 使用食材

干笋200克
熟芝麻10克
葱花5克
精盐、味精、
白糖各1/2小匙
酱油、花椒粉
各1小匙
辣椒油3大匙
香油少许

烹饪步骤

1. 将干笋放入清水中浸泡，中途需多次换水，除去褐黄色泽和干笋中的涩味。

2. 待充分吸水后，除去质地韧老的部分和残留的笋衣，洗净，切成8厘米长的段，再放入沸水锅中，用中火煮30分钟，捞出凉凉。

3. 将煮制后的干笋晾干表面水分，改刀成细丝，放入盆中，先加入精盐、白糖、味精、酱油搅拌均匀。

4. 再加入花椒粉、辣椒油、香油、熟芝麻、葱花充分拌匀，装盘即可。

木瓜炒百合

 使用食材

🍲 烹饪步骤

圣女果1颗
木瓜400克
百合250克
植物油20克
精盐、味精、
白糖各2小匙
水淀粉5小匙

1. 将木瓜用水洗净，用刀对剖开两半，除去瓜籽及瓜瓤，洗净后切成片备用。

2. 鲜百合用清水浸泡至软，洗净备用。

3. 炒锅烧热，入植物油炝锅，将木瓜、百合放入锅中同炒，加入精盐、白糖、味精等调料，成熟时用水淀粉勾芡，出锅装盘；圣女果对剖开两半，取一半做点缀。

爆炒咸鱼黄豆芽

 使用食材

咸鱼250克
黄豆芽250克
红椒25克
蒜瓣10克
精盐、水淀粉
各1大匙
味精1/2小匙
白糖1小匙
香油、料酒
各2小匙
植物油150克

🍛 烹饪步骤

1. 黄豆芽放入清水中浸泡、洗净，捞出沥去水分。

2. 红椒去蒂及籽，洗净，切成细丝；蒜瓣去皮，剁成末。

3. 咸鱼片去外皮，剔除鱼骨，取净咸鱼肉。

4. 先用冷水洗净，再取出放在洁布上振干，放入容器内，用清水浸泡以去除多余盐分，取出后切成小粒，锅中加油烧热，下入咸鱼粒炸至金黄色，捞出沥油。

5. 锅中留少许底油烧热，下入红椒丝和蒜末炒香，放入黄豆芽，用大火热油爆炒至软，加入料酒、少许精盐、味精、白糖炒至熟透。

6. 放入咸鱼粒炒匀，用水淀粉勾芡，淋入香油即可出锅装盘。

浓郁奇香难抗拒，
听着锅里咕嘟咕嘟的声音，
收获好心情就是这么简单。

第二章

咕嘟咕嘟
浓香炖

菜干蜜枣猪蹄汤

 使用食材

 烹饪步骤

猪蹄肉500克
菜干50克
蜜枣20克
南北杏仁15克
精盐适量

1. 猪蹄肉洗净,切成厚片。

2. 菜干浸开,洗净;蜜枣、南北杏仁洗净。

3. 将适量清水放入煲内,煮沸后加入以上材料,大火煲滚后改用小火煲2小时,加精盐调味即可。

TIPS

菜干也可以换成萝卜干,萝卜干需要先浸泡1小时。

霸王花煲老鸡

 使用食材

草鸡250克
霸王花100克
猪骨100克
葱段、姜片
各少许
味精1小匙
精盐1/2大匙
白糖少许
料酒2小匙

烹饪步骤

1. 将草鸡洗涤整理干净，切成块，放入沸水中焯烫一下；猪骨洗净，也放入沸水中焯烫一下备用。

2. 汤煲中加入适量清水，放入鸡块、葱段、姜片、猪骨，先用大火煲30分钟。

3. 烹入料酒，再挑去猪骨、葱段、姜片，放入霸王花，改用中火煲15分钟，加入精盐、味精、白糖调好口味即可装碗上桌。

TIPS

霸王花也可以煲汤，具有清心润肺、清暑解热、除痰止咳的作用。

白条虾仁烩豆腐

 使用食材

豆腐200克
虾仁100克
西红柿、鸡蛋清
各1个
精盐、味精、
鸡精、白糖、
胡椒粉、料酒、
淀粉、水淀粉、
鲜汤、植物油
各适量

烹饪步骤

1. 虾仁洗净，泡发，沥水，加入蛋清、味精、淀粉、精盐、白糖搅匀上浆，再入油滑熟，捞出沥油。

2. 豆腐洗净，切成块，入水焯烫，捞出沥水；西红柿切块备用。

3. 锅中注入鲜汤，加入精盐、料酒、白糖、胡椒粉、鸡精烧沸，再放入虾仁、豆腐块、西红柿块烩至入味，用水淀粉勾芡，出锅装盘即可。

TIPS

虾仁和豆腐都是营养价值极高的食物，荤素搭配，老少皆宜。

百叶烧豆腐

🥕 使用食材

🍲 烹饪步骤

豆腐400克
牛百叶100克
葱末、姜末
各2克
精盐1小匙
味精1/2小匙
老抽少许
猪油、植物油
各1大匙
清汤200克

1. 将牛百叶洗涤整理干净，切成菱形片；豆腐切成菱形块，与牛百叶一起放入沸水锅中焯烫透，捞出沥干备用。

2. 炒锅置火上，加入植物油、猪油烧至六成热，先下入葱末、姜末煸香，再倒入清汤烧开。

3. 加入牛百叶片、豆腐块、精盐、味精、老抽，用大火烧开，再改用中火烧约5分钟至收汁即可。

TIPS

购买时一定要选择硬度适中，没有弹性的牛百叶。

蚕豆奶油南瓜汤

 使用食材

南瓜200克
鲜蚕豆150克
牛奶240克
面粉15克
冰糖45克
黄油1大匙

烹饪步骤

1. 南瓜去皮、去瓤，洗净，切成方块，放入蒸锅中蒸8分钟，取出。

2. 鲜蚕豆去皮、洗净，放入清水锅中烧沸，煮约5分钟至熟，关火后加入牛奶调匀。

3. 将奶汁滗出一部分，剩余奶汁和蚕豆放入粉碎机中，加入冰糖粉碎成浆，倒入奶汁中。

4. 净锅置火上，加入黄油烧至融化，放入面粉用小火炒香，再倒入蚕豆浆，转大火不停地搅动。

5. 烧沸后倒入大碗中，放入蒸好的南瓜块即可。

茶树菇炖乳鸽

 使用食材

乳鸽2只
干茶树菇50克
葱段、姜片、
精盐、味精
各少许
植物油适量
清汤2000克

烹饪步骤

1. 将乳鸽洗涤整理干净，用沸水焯透，捞出沥干，切成大块。

2. 干茶树菇择洗净，用热水泡软，切段备用。

3. 坐锅点火，加油烧热，先下入葱段、姜片炒香，再添入清汤，放入乳鸽块、茶树菇，用小火炖煮2小时，拣出葱段、姜片，加入精盐、味精调好口味即可出锅装碗。

TIPS

茶树菇是植物蛋白，与肉搭配，营养更均衡。

桂圆鱼头猪骨煲

 使用食材

鱼头1个
猪腔骨250克
桂圆25克
大葱、姜块
各25克
干辣椒10克
精盐2小匙
米醋1小匙
啤酒适量

烹饪步骤

1. 将鱼头去掉鱼鳃，放入淡盐水中洗净，捞出，沥净水分。

2. 净锅置火上，加入适量清水、少许大葱、姜块煮沸，放入鱼头焯烫一下，捞出沥水。

3. 猪腔骨洗净，放入清水锅中烧沸，焯烫一下，捞出用清水洗净，沥去水分。

4. 桂圆剥去外壳，去掉果核，取桂圆肉洗净，沥净水分。

5. 把猪腔骨放入电紫砂煲中垫底，再摆上鱼头，加入桂圆肉，放入大葱、姜块和干辣椒，加入米醋，倒入啤酒淹没鱼头。

6. 盖上煲盖，按养生汤键（中温）加热约60分钟至熟嫩，加入精盐调好口味，出锅装碗即可。

蛋黄焗飞蟹

🍆 使用食材

飞蟹1只
咸蛋黄100克
料酒、香油、
鸡精、味精、
胡椒粉、
淀粉各适量
植物油1000克
（约耗50克）
清汤少许

🍲 烹饪步骤

1. 将飞蟹洗涤整理干净，剁成大块，再拍上一层淀粉，下入六成热油中炸透，捞出沥油备用。

2. 锅中留少许底油，先下入咸蛋黄炒碎，再烹入料酒，加入鸡精、味精、胡椒粉，然后添入少许清汤，炒制成蓉。

3. 下入炸好的蟹块翻炒均匀，淋上香油，出锅装盘，摆回蟹形即可。

TIPS

螃蟹性咸寒，又是食腐动物，所以吃时需蘸姜末醋汁来祛寒杀菌。

剁椒百花豆腐

 使用食材

豆腐300克
虾仁200克
鸡蛋清1个
剁椒30克
大葱25克
姜块10克
精盐1小匙
料酒、淀粉各1大匙
味精、胡椒粉各少许
香油2小匙
植物油2大匙

烹饪步骤

1. 把大葱去掉根须，洗净，剁成葱末；姜块去皮，切成碎末。

2. 豆腐切成薄片，放在盘内，撒上少许葱末、姜末、精盐、味精、胡椒粉和料酒腌片刻。

3. 虾仁去掉虾线，洗净，先用刀剁几下成丁，再用刀背砸成虾蓉。

4. 把虾蓉、葱末、姜末、鸡蛋清、精盐、胡椒粉、料酒、香油、淀粉拌匀上劲成馅料。

5. 手上蘸上少许清水，取少许虾蓉馅料捏成丸子，放在豆腐片上，再撒上切好的剁椒，放入蒸锅内，用大火沸水蒸8分钟。

6. 取出蒸好的豆腐，撒上少许葱末，浇上烧至九成热的植物油炝出香味，上桌即可。

蛏子鹌蛋竹荪汤

 使用食材

蛏子250克
鹌鹑蛋10个
竹荪10克
葱段、姜片
各5克
精盐1小匙
味精、鸡精
各1/2小匙
植物油适量

烹饪步骤

1. 蛏子放入清水盆内，加入几滴植物油浸养24小时，把蛏子放入温水中，待其开壳后刷洗干净，捞出沥水。

2. 鹌鹑蛋放入清水锅内煮熟，捞出过凉，剥去外皮。

3. 竹荪用温水泡软，切去菌盖，再放入淡盐水中浸泡5分钟，取出沥水，用剪刀从中间剪开，再切成3厘米长的片，锅置火上，加入清水烧沸，放入竹荪块烫透，捞出沥水。

4. 锅中加入清水烧沸，放入蛏子快速余烫至熟，捞出沥水，撇去锅内杂质，再放入竹荪段、葱段、姜片煮约5分钟。

5. 捞出葱段、姜片不用，放入鹌鹑蛋稍煮片刻，加入精盐、鸡精、味精，放入煮好的蛏子，盛入碗中即可。

柴把鸭

使用食材

鸭腿2个
火腿、芦笋
各125克
金针菇10克
葱段、姜片、
精盐、味精、
料酒、清汤
各适量

烹饪步骤

1. 火腿洗净，放入碗中，上屉蒸熟，取出凉凉，切成细条。

2. 芦笋去皮，切成5厘米长的细条，用沸水焯烫，捞出沥水。

3. 金针菇用清水泡软，去蒂、洗净，沥去水分。

4. 鸭腿收拾干净，放入碗中，加上葱段、姜片、料酒、精盐拌匀。

5. 放入蒸锅内，用大火蒸约10分钟至八分熟，取出凉凉，拆去鸭骨头，取净鸭肉，撕成长5厘米的细条。

6. 取少许火腿条、鸭肉条、芦笋条，用1根金针菇捆成柴把状，共捆成12个，放入汤盅内，加入清汤、料酒、精盐、味精，盖上盅盖，上屉用大火蒸10分钟至熟，取出原盅上桌即可。

飞蟹粉丝煲

 使用食材

活飞蟹1只
（约200克）
水发粉丝100克
洋葱丝、
红椒丝各20克
姜丝、黑胡椒汁、
蚝油、鲜露、
浓缩鸡汁、料酒、
淀粉各少许
清汤、植物油
各适量

烹饪步骤

1. 将飞蟹开壳去内脏，洗净，沥干水分，剁成大块，再拍匀淀粉。

2. 锅置火上，加入植物油烧热，下入拍匀淀粉的飞蟹块炸透，捞出沥油。

3. 砂锅加入底油烧热，先爆香洋葱丝、姜丝、红椒丝，再放入水发粉丝、飞蟹略炒。

4. 加入清汤、黑胡椒汁、蚝油、鲜露、浓缩鸡汁、料酒略炖即可。

TIPS

这道菜滑嫩鲜香，非常适合作为宴客菜。

海参牛尾煲

 使用食材

 烹饪步骤

牛尾6块
水发海参4只
葱段、姜片各5克
精盐、味精、
鸡精、老抽、
香油各1小匙
料酒2小匙
蚝油2大匙
胡椒粉1大匙
五香粉少许
植物油3大匙

1. 牛尾洗净，放入高压锅内，加入少量老抽和料酒，加盖压20分钟；海参整理干净，切片。

2. 锅中加油烧热，下入葱段、姜片炸香，加入清水、牛尾、老抽、蚝油和胡椒粉，炖至牛尾软烂。

3. 取砂锅，放入海参片、牛尾，调入精盐、味精、鸡精，续炖15分钟，淋入香油即成。

TIPS

牛尾汤是适合秋冬季节滋补的汤，不建议夏季喝。

茶香栗子炖牛腩

🥕 使用食材

牛腩肉500克
去皮熟栗子肉
50克
乌龙茶叶少许
葱段、姜片
各15克
精盐、白糖
各2小匙
味精1小匙
料酒2大匙
酱油3大匙
番茄沙司、
香油各1大匙
水淀粉、
植物油各适量

🍲 烹饪步骤

1. 将牛腩肉用清水浸泡并洗净，沥干水分，切成大块。

2. 将乌龙茶叶用沸水泡开，取出茶叶沥干，再放入热油锅中炸至酥香，捞出沥油。

3. 锅中加入植物油烧热，下入葱段、姜片炒香。

4. 再放入牛腩肉块略炒一下，烹入料酒。

5. 加入酱油、香油、番茄沙司、白糖、精盐翻炒均匀；加入适量温水煮开，倒入高压锅中压15分钟至熟，然后倒入炒锅中，放入栗子。

6. 置大火上炖至汤汁浓稠，用水淀粉勾芡，撒上乌龙茶叶，出锅装碗即成。

黑豆山药煲田鸡

 使用食材

田鸡5只
黑豆50克
山药10克
红豆10克
精盐、味精
各2小匙
白糖2/5小匙
胡椒粉少许
料酒2小匙

烹饪步骤

1. 田鸡清洗干净，切成块；黑豆泡透；山药去皮洗净切块；红豆泡透；生姜去皮切成厚片。

2. 锅内加水，待水开时下田鸡，用中火煮去腥味，捞起备用。

3. 在瓦煲里加入田鸡、黑豆、山药、红豆、生姜、料酒，注入清水，用大火煲开，再改小火煲1小时，调入精盐、味精、白糖、胡椒粉，煲至入味即可。

TIPS

黑豆含有丰富的微量元素，对抗衰老、降血压有良好的功效。

红豆莲藕炖乌鸡

 使用食材

乌骨鸡1只
　（约750克）
鲜嫩藕1根
红豆50克
大红枣10枚
枸杞子15克
姜片、葱段各5克
精盐4小匙
味精、鸡精各2小匙
胡椒粉、料酒
各1大匙

烹饪步骤

1. 将乌骨鸡宰杀洗净，剁成2厘米见方的块，同冷水入锅，沸后煮约5分钟，捞出用清水洗去污沫；鲜嫩藕刮洗干净，先纵剖成两半，用刀拍松，再切成块状。

2. 将乌鸡块、藕块共放砂锅内，上放红豆、姜片、葱段，注入适量清水和料酒，大火烧沸，撇去浮沫，改小火炖至乌鸡肉软烂时，放入枸杞子、大红枣，调入精盐、味精、鸡精、胡椒粉，续炖至入味，起锅盛汤即可。

TIPS

莲藕能够增进食欲、促进消化，具有止泻的作用。

凤球烧鱿鱼

 使用食材

水发鱿鱼500克
鸡胸肉蓉100克
猪肥膘肉蓉50克
鸡蛋清1个
葱花、姜末各5克
精盐、味精、胡椒粉、
白糖、葱姜汁各1/2小匙
料酒、水淀粉、
鸡油各1小匙
鸡汤300克
植物油500克

烹饪步骤

1. 鸡胸肉蓉、猪肥膘肉蓉放入碗中，加入鸡蛋清、精盐、味精、料酒、葱姜汁、少许清水搅上劲。

2. 锅中加入植物油烧至六成热，将肉蓉挤成小丸子，入锅浸炸至透，捞出沥油。

3. 水发鱿鱼洗净，片成大片，入锅焯烫，捞出。

4. 锅中加入植物油烧热，下入葱花、姜末炒香，添入鸡汤烧沸，撇去浮沫。

5. 加入料酒、白糖、精盐、胡椒粉，放入鱿鱼片、肉丸子烧至入味，转大火收汁，调入味精，用水淀粉勾芡，淋入鸡油，装碗即可。

腐竹烧肚片

 使用食材

🍲 烹饪步骤

猪肚尖100克
腐竹75克
火腿、净冬笋各30克
姜片、蒜片、
葱段各少许
精盐、味精、白糖、
胡椒粉各1/3小匙
鸡精、料酒、花椒油
各1小匙
水淀粉适量
鲜汤120克
植物油3大匙

1. 腐竹用温水浸泡至发涨，用清水洗干净，沥净水分，切成小段，火腿洗净，放在碗里，加入冬笋和少许料酒，上屉蒸透。

2. 取出火腿和冬笋，把火腿切成小片；熟冬笋切成菱形片。

3. 猪肚尖去掉油脂，洗净，放入碗中，加入少许料酒和葱段，上屉用大火蒸熟，取出猪肚尖凉凉，斜刀切成大片。

4. 锅中加入植物油烧至四成热，下入姜片、蒜片、葱段炒香。

5. 添入鲜汤烧沸，放入腐竹、猪肚尖、火腿片和冬笋片推匀，加入精盐、料酒、味精、白糖、鸡精、胡椒粉烧熟入味。

6. 用水淀粉勾芡，转大火收汁，淋上花椒油，出锅装盘即成。

红枣枸杞炖山药

 使用食材　　🍲 **烹饪步骤**

大枣8枚

枸杞子10克

山药200克

冰糖50克

1. 将山药洗净、切丁备用。

2. 将大枣、枸杞子、山药和清水一同放入锅中用大火烧开，再转小火炖10分钟。

3. 加入冰糖，关火后凉凉即可。

TIPS

山药具有降低血糖的功效，非常适合糖尿病人食用，枸杞子同样具有滋补肝肾的功效。

花菇焖油菜

 使用食材

油菜400克
干花菇10克
葱段、姜片、
精盐、鸡精、
胡椒粉、鸡油、
水淀粉、奶汤
各适量

烹饪步骤

1. 将油菜洗净，根部用刀切成4瓣(但仍要保持菜的整棵形状)，再用热油焯烫一下(油不要太热，以免将油菜炸焦)。

2. 干花菇用水泡发，洗净后去蒂，放入沸水中焯烫一下，捞出后剞十字花刀，置于容器内，加入奶汤、鸡油、精盐、葱段、姜片，上屉蒸烂，取出后滗净汤汁。

3. 锅置火上，添入适量奶汤，用精盐、鸡精、胡椒粉调好口味，再下入过油的油菜，烧至入味后取出，整齐地摆在盘中。

4. 将蒸好的花菇倒入烧油菜的汤内，烧沸后用水淀粉勾芡，淋上鸡油，浇在油菜上即可。

翡翠松子羹

🥒 **使用食材**

西蓝花500克
松子仁75克
西芹50克
姜末5克
精盐、白糖
各1/2大匙
水淀粉3大匙
高汤500克
植物油适量

🍲 **烹饪步骤**

1. 将松子仁洗净，沥干水分，放入四成热油中炸至浅黄色，捞出沥油。

2. 西芹去根、洗净，入沸水锅内焯烫一下，捞出切成碎粒。

3. 将西蓝花去根、洗净，掰成小朵，锅中加入清水烧沸，放入西蓝花焯烫一下，捞出沥水，放入榨汁机中，加入适量清水搅打成绿色菜汁。

4. 净锅置火上，加入植物油烧热，下入姜末煸炒出香味。

5. 加入高汤和榨好的菜花汁，用小火煮沸，加入精盐、白糖调好口味，用水淀粉勾薄芡。

6. 出锅盛入小盅内，撒入松子仁和西芹末即可。

河蟹煲冬瓜

🥒 **使用食材**

河蟹3只
冬瓜250克
葱末、姜末、
精盐、味精、
胡椒粉各适量
鸡精1小匙
料酒、植物油
各1大匙

🍲 **烹饪步骤**

1. 将河蟹洗涤整理干净，切成两半；冬瓜去皮及瓤，洗净，切成滚刀块。

2. 锅中加入植物油烧热，先下入葱末、姜末炒出香味，再烹入料酒，加入适量清水烧沸。

3. 放入河蟹、冬瓜块，加入精盐、味精、胡椒粉、鸡精调好口味，撇净浮沫，转中火炖至冬瓜软烂入味即可出锅装碗。

荷花鱼肚

 使用食材

水发鱼肚150克
净虾仁100克
猪肥膘肉35克
熟火腿、水发冬菇
各25克
豌豆12粒
鸡蛋清1个
葱段、精盐、味精、
胡椒粉、淀粉、
葱姜汁、料酒、
熟鸡油各适量
清汤750克

烹饪步骤

1. 净虾仁、猪肥膘肉分别洗净，均剁成细蓉，放入碗中，加入鸡蛋清、葱姜汁、淀粉和少许精盐拌匀成馅料。

2. 水发冬菇择洗干净，与熟火腿均切成小菱形片，水发鱼肚清洗干净，切成小块，再切去四角成圆形。

3. 放入清水锅内，加入料酒、葱段、少许精盐略煮，捞出沥水。

4. 取鱼肚抹上馅料，对角放上火腿、冬菇，中间放上豌豆粒。

5. 把制作好的荷花鱼肚放入盘中，入笼用大火蒸10分钟，取出荷花鱼肚，放入大汤碗中。

6. 锅中加入清汤、精盐、味精和胡椒粉烧沸，撇去浮沫，出锅倒入盛有荷花鱼肚的汤碗内，再淋上熟鸡油即成。

红焖牛蹄筋

 使用食材

牛蹄筋500克
油菜150克
大葱15克
姜块10克
八角2粒
精盐、料酒、熟猪油
各少许
味精、鸡精各1小匙
豆瓣酱2大匙
香油、辣椒油各1大匙
老汤适量

烹饪步骤

1. 大葱洗净，切成小段；姜块去皮，切成片；油菜去根、洗净，放入沸水锅内焯透，捞出沥干。

2. 牛蹄筋剔去余肉和杂质，放入冷水中浸泡并洗净，捞出。

3. 锅中加入清水、少许葱段、姜片和料酒烧沸，放入牛蹄筋，用小火焖煮约90分钟，捞出用冷水过凉、沥水，切成小条。

4. 锅中放入熟猪油烧至六成热，下入葱段、姜片、八角炒香，放入豆瓣酱略炒，再加入老汤烧沸，捞出葱段、姜片、八角不用。

5. 加入牛蹄筋、料酒、精盐烧沸，转小火炖至熟烂入味，撇去浮沫，加入味精、鸡精稍煮，淋上辣椒油、香油。

6. 把焯烫好的油菜放入盘内垫底，再盛入牛蹄筋即可。

姜汁炖鸡蛋

 使用食材

老姜50克
鸡蛋8枚
砂糖适量

🍚 烹饪步骤

1. 老姜去皮，加清水用榨汁机搅碎，去渣取汁。

2. 鸡蛋打破取蛋黄，和适量清水、砂糖、姜汁一起放入大碗中搅匀。

3. 放进锅内隔水炖20分钟即可。

TIPS

榨取姜汁炖蛋服用，既可保持生姜原来的药效，又营养可口。

花生莲藕牛肉煲

 使用食材　　 烹饪步骤

牛肉400克
花生100克
莲藕75克
葱段、姜片
各15克
八角3粒
陈皮2片
花椒2克
精盐、味精、
胡椒粉各适量

1. 将牛肉洗净，切成小块；莲藕削去外皮，去掉藕节，洗净，切成
   厚片；花生用温水泡涨，捞出沥水。

2. 净锅置火上，加入清水，放入牛肉块烧沸，焯烫一下，捞出用冷
   水过凉，沥去水分。

3. 将牛肉块、花生和莲藕片放入砂锅中，加入葱段、姜片、八角、
   陈皮、花椒、精盐、味精、胡椒粉和适量清水炖2小时至牛肉熟
   烂，出锅装碗即可。

黄瓜黄豆梅肉煲

 使用食材

猪梅肉250克
黄瓜1根
黄豆50克
姜10克
精盐4小匙
味精2小匙
白糖1小匙

烹饪步骤

1. 猪梅肉切块，黄瓜去籽，切块，黄豆泡透，姜切片。

2. 瓦煲注入清水，加入梅肉、黄豆、姜片，用中火煲30分钟。

3. 加入黄瓜块，调入精盐、味精、白糖，煲20分钟即成。

TIPS

也可以用苦瓜代替黄瓜，苦瓜具有清热解暑，明目解毒的功效。

蛤蜊黄鱼羹

使用食材

蛤蜊500克
黄鱼肉250克
熟火腿10克
鸡蛋1个
葱末适量
精盐、米醋
各1大匙
味精1/2小匙
料酒2大匙
猪肉汤500克
水淀粉、
熟猪油各3大匙

烹饪步骤

1. 黄鱼肉洗净，擦净表面水分，切成1厘米大小的丁。

2. 鸡蛋磕入碗中，搅打均匀成鸡蛋液；熟火腿切成末。

3. 蛤蜊放入盐水中养2小时，使其吐净泥沙，再用清水洗净，放入沸水锅中煮至蛤蜊壳略张开，捞出蛤蜊，剥壳取肉。

4. 锅置大火上，放入熟猪油烧至五成热，下入葱末爆出香味，再烹入料酒，放入黄鱼丁煸炒一下。

5. 加入精盐、猪肉汤烧沸，撇去浮沫，放入味精，用水淀粉勾芡，然后放入蛤蜊肉，用手勺轻轻炒拌均匀。

6. 淋入鸡蛋液，用手勺轻轻推匀，出锅装入碗中，撒上熟火腿末和葱末，随带一碟米醋上桌即成。

金牌烧鸡翅

 使用食材

 烹饪步骤

鸡翅中500克
葱花、姜片、
蒜片各5克
八角少许
泡椒10克
郫县豆瓣酱1小匙
白胡椒粉2小匙
酱油、料酒
各1/2小匙
植物油4大匙
熟花生碎35克

1. 鸡翅中洗净，剞上花刀，用白胡椒粉、料酒、酱油、八角、葱花和姜片腌制30分钟至入味。

2. 锅中加油烧热，放入鸡翅中煎至金黄，盛出。

3. 锅中留底油烧热，倒入郫县豆瓣酱和泡椒煸出红油，再放入葱花、姜片和蒜片煸香。

4. 加入酱油、清水，放入鸡翅中烧熟，盛出。

5. 锅中汤汁勾芡，浇在鸡翅上，撒上熟花生碎即成。

津梨炖雪蛤

 使用食材

烹饪步骤

津梨1只
桂圆肉20克
杏仁10克
姜2片
冰糖适量

1. 桂圆肉用清水浸泡，除去杂质。

2. 把适量清水、姜片放入煲内煮沸，加入桂圆肉煮开。

3. 将津梨洗净切块，放入炖盅内，注入适量沸水，加杏仁、冰糖、桂圆肉，用中火炖1小时即可。

TIPS

津梨能止咳化痰，生津润燥。雪蛤膏具有补肾益精、养阴润燥、美容养颜的功效。

芥菜马蹄炖排骨

 使用食材

🍲 烹饪步骤

排骨250克
芥菜200克
马蹄6个
蒜蓉25克
生抽5小匙
精盐、味精
各1大匙
料酒5小匙
白糖1大匙
植物油1大匙

1. 排骨洗净,剁成小块;芥菜洗净,切成小段;马蹄去皮,用淡盐水浸泡片刻,取出,切成滚刀块。

2. 将排骨块、芥菜段、马蹄块分别放入沸水锅内氽烫一下,捞出沥水。

3. 净锅置火上,加入植物油烧热,爆香蒜蓉,加入排骨、芥菜、马蹄、生抽、精盐、味精、料酒、白糖和少许清水烧沸,转小火焖20分钟至熟即可。

TIPS

马蹄的作用价值甚大,能清热润肺,疏肝明目,生津开胃。

咖喱牛肉土豆

🍶 使用食材

牛肉50克
土豆150克
葱段、姜片
各少许
精盐、淀粉
各1/2大匙
酱油、料酒1小匙
咖喱粉1/2小匙
植物油1匙

🍲 烹饪步骤

1. 将牛肉自横茬切成丝，淀粉，酱油，料酒、牛肉丝腌入味；土豆洗净去皮，切成丝。

2. 锅中加入植物油烧热，先下入葱段，姜片炝锅，再放入牛肉丝滑散。

3. 放入土豆丝煸炒，再加入酱油，精盐、咖喱粉，用大火翻炒均匀即成。

TIPS

咖喱下锅后，一要注意控制火候，还要不停地搅拌，防止咖喱粘锅。

萝卜丝炖大虾

🥒 使用食材

青萝卜500克
大虾10只
香菜末30克
葱段、葱花、
姜丝、精盐、
味精、胡椒粉、
料酒、香油
各适量
浓高汤750克
植物油150克

🍲 烹饪步骤

1. 青萝卜去根、洗净，削去外皮，切成细丝，放入盆中，加入少许精盐拌匀并漂洗片刻，捞出沥水。

2. 大虾洗净，去除大虾头部的沙包，挑除沙线，再剪去虾枪、虾须和虾腿，洗涤整理干净。

3. 净锅置火上，加入少许植物油烧至六成热，下入葱花炝锅，放入萝卜丝用大火煸炒至软，出锅盛放在盘内。

4. 净锅加入植物油烧至七成热，下入葱段、姜丝爆香，放入大虾两面略煎，用手勺压出虾脑，烹入料酒，添入浓高汤，放入萝卜丝、精盐，用小火炖至熟烂入味。

6. 盛入碗中，加入味精、胡椒粉，撒上香菜末，淋入香油即可。

木瓜大枣炖银耳

 使用食材

🍲 烹饪步骤

木瓜300克
银耳100克
大枣10粒
冰糖适量

1. 木瓜去皮、去籽，切块；银耳提前浸泡，洗净撕成小朵；红枣洗净备用。

2. 锅里注入适量清水，把银耳、木瓜、大枣一起放入煮30分钟。

3. 加入冰糖煮至糖完全溶化即可。

TIPS

木瓜经过炖煮，被黏稠的银耳中和掉了本身的一股清味，变得非常甘甜。

黄豆笋衣炖排骨

使用食材

排骨500克
笋衣250克
黄豆100克
葱白15克
姜块10克
陈皮、桂皮、
八角各少许
精盐、酱油
各1大匙
白糖2大匙
味精1小匙
啤酒、植物油
各适量

烹饪步骤

1. 把排骨用清水洗净，捞出沥干，剁成小段，锅中加入适量植物油烧热，放入排骨段煸炒一下，出锅装盘。

2. 黄豆放入碗中，加入适量清水浸泡一下，捞出洗净，沥干水分。

3. 葱白洗净，沥水，用刀拍散；姜块去皮，洗净，切成小片。

4. 笋衣洗净，切成小段，放入热油锅中炒干水分，出锅装盘。

5. 锅中留底油烧热，加入白糖、清水炒至暗红色，再加入适量啤酒、酱油和清水烧沸。

6. 放入排骨段、笋衣、黄豆、桂皮、八角、陈皮、葱段、姜片，盖上锅盖，转小火炖约40分钟，再加入少许精盐、味精，转大火收浓汤汁即可。

家常扒五花

 使用食材

🍲 烹饪步骤

带皮五花肉500克
酸菜150克
香葱25克
香菜15克
葱段、姜片、
精盐、鸡精、
酱油、豆瓣酱、
甜面酱、白醋、
料酒、水淀粉、
植物油各适量

1. 酸菜去根，用清水浸泡并洗净，沥去水分，切成丝，香葱去根和老叶，洗净，切成粒；香菜取嫩香菜叶，洗净。

3. 五花猪肉洗净，入沸水中煮30分钟至八分熟，捞出凉凉，在肉皮上抹匀酱油、甜面酱、料酒，腌渍上色。

4. 锅中加油烧至七成热，肉皮朝下放入五花肉炸至金红色，捞出沥油、凉凉，切成长方形大片，装入容器中。

5. 锅留底油烧热，下入葱段、姜片、豆瓣酱炒出香味，放入酸菜丝炒匀，加入料酒、精盐、鸡精、酱油炒至入味。

6. 出锅倒在五花肉上，放入蒸锅中，用大火蒸30分钟至熟，取出扣入盘中，淋上蒸肉的原汁，撒上香葱粒、香菜叶即可。

家常干捞粉丝煲

 使用食材

🍲 烹饪步骤

虾仁100克
猪肉末75克
细粉丝50克
青菜少许
葱末、姜末、蒜末
各5克
精盐、白糖各1小匙
胡椒粉、香油各少许
沙茶酱、料酒各1大匙
酱油1/2大匙
植物油3大匙

1. 细粉丝放在盆内，加入温水浸泡至刚软，捞出沥水。

2. 把虾仁洗净，攥净水分，从虾仁背部片开，去掉虾线。

3. 净锅置火上，加入清水和少许精盐烧沸，下入虾仁，关火后烫3分钟后，捞出沥水。

4. 净锅复置火上，加入植物油烧热，下入葱末、姜末和蒜末爆香，再放入料酒和沙茶酱炒香出味，加入猪肉末煸炒至变色，然后加入酱油、白糖、胡椒粉炒匀，放入粉丝和青菜煸炒均匀。

5. 砂锅置火上，加入少许植物油烧热，倒入炒好的粉丝和虾仁，盖上砂锅盖，再加入少许料酒焖约20秒，离火上桌滴上香油即可。

菊花口水鱼

 使用食材

草鱼1条（约1000克）
菊花瓣50克
花生碎35克
熟芝麻20克
葱末、姜末、蒜末各少许
精盐、芝麻酱、
酱油各2小匙
花椒粉1/2大匙
白糖、米醋各1小匙
油豆瓣3大匙
香油3小匙

烹饪步骤

1. 将草鱼去鳃、去鳞，除去内脏，洗净，擦干水分，切成小段。

2. 锅置火上，加入适量清水、精盐烧沸，放入草鱼段烧沸，转小火焖煮3分钟。

3. 碗中加入米醋、酱油、精盐、油豆瓣、熟芝麻、花椒粉、香油、芝麻酱调匀。

4. 再放入花生碎、葱末、姜末、蒜末、白糖、25克菊花瓣调匀成口水味汁。

5. 将焖好的鱼块取出，摆入盘中呈鱼形，浇上调好的口水味汁，撒上剩余的菊花瓣即可。

鸡汁芋头烩豌豆

🥕 使用食材

芋头300克
豌豆粒100克
鸡胸肉50克
鸡蛋1个
葱段、姜片
各10克
精盐、胡椒粉
各1小匙
料酒2小匙
水淀粉1大匙
植物油2大匙

🍲 烹饪步骤

1. 将芋头洗净，入锅蒸30分钟至熟，取出去皮，切成滚刀块；豌豆粒洗净、沥水。

2. 鸡胸肉洗净、切块，放入粉碎机中，加入葱段、姜片、鸡蛋液、料酒、胡椒粉、适量清水打成鸡汁。

3. 锅置火上，加入植物油烧热，倒入打好的鸡汁不停地搅炒均匀。

4. 再放入芋头块，加入精盐炖煮5分钟，然后放入豌豆粒烩至断生。

5. 用水淀粉勾芡，加入胡椒粉推匀，倒入砂煲中，置火上烧沸，原锅上桌即可。

老鸭笋干煲

 使用食材　　　烹饪步骤

净老鸭半只（约1000克）
笋干50克
清水香菇3朵
熟火腿50克
油菜心5棵
葱结、姜片各10克
料酒1大匙
精盐1小匙
味精、鸡精各2小匙
胡椒粉1大匙
香油1小匙
植物油3大匙

1. 将老鸭剁成3.5厘米长、2厘米宽的块，用清水洗2遍，沥尽水分；笋干洗净，改刀成4厘米长、小指粗的条，用清水洗2遍（以去除部分淀粉，使口感清爽）；清水香菇去蒂，坡刀切片；鞭笋和熟火腿均切条状。

2. 炒锅上火，放熟食用油烧热，炸香葱结、姜片，入鸭块煸炒至干爽时，加料酒和适量清水，调入精盐、胡椒粉，倒在高压锅内压20分钟（若直接用普通锅炖约用1小时），离火。

3. 取一净砂锅，先放入笋干、香菇片、火腿条，再倒入压好的鸭块和汤汁，调入味精、鸡精，加盖，用小火炖约15分钟，放入油菜心，略炖，淋香油，即可上桌。

鲤鱼炖冬瓜

 使用食材

鲤鱼1条
（约750克）
冬瓜200克
香菜末25克
葱段、姜片、
精盐、胡椒粉、
料酒、高汤、
植物油各适量

烹饪步骤

1. 冬瓜去皮、去瓤，洗净，切成4厘米大小的片，放入加有少许精盐的沸水中焯烫一下，捞出过凉、沥水。

2. 鲤鱼去鳞、去鳃，剖腹去内脏，洗涤整理干净，擦净表面水分，在鱼身两侧剞上棋盘花刀。

3. 锅中加油烧热，放入鲤鱼煎至两面呈金黄色时，捞出沥油，锅留少许底油烧热，下入葱段、姜片炝锅。

4. 烹入料酒，加入高汤和煎好的鲤鱼煮沸，捞出葱、姜不用，用小火炖10分钟。

5. 放入冬瓜片，加入精盐续炖至熟烂入味，撒上胡椒粉，出锅盛入大碗中，撒上香菜末即可。

酱烧冬笋

 使用食材

 烹饪步骤

冬笋500克
猪肉50克
香葱15克
精盐、白糖、
醪糟各少许
甜酱2大匙
鲜汤3大匙
植物油适量

1. 把冬笋切去笋根，剥去冬笋外壳，削去皮。

2. 把冬笋用清水漂洗干净，取出，切成长5厘米的小条；猪肉切成小粒；香葱切成小段。

3. 净锅置火上，放入植物油烧至六成热，下入冬笋条炸上颜色，捞出沥油。

4. 锅留少许底油烧热，放入甜酱，小火煸炒出香味。

5. 倒入炸好的笋条翻炒均匀。

6. 再加入鲜汤、精盐、白糖、醪糟，转小火烧至入味，撒上香葱段，出锅装盘即可。

回锅鸡

使用食材

鸡腿肉400克
洋葱100克
青椒、红椒
各50克
姜片5克
味精少许
豆瓣酱1大匙
甜面酱、老抽
各2小匙
料酒4小匙
植物油适量

烹饪步骤

1. 洋葱去皮，洗净，切成三角块；青椒、红椒洗净，切成块。

2. 鸡腿肉洗净，放入沸水锅中煮5分钟，捞出沥干水分。

3. 放入容器中，加入老抽拌匀，鸡皮朝下放入热油锅中。

4. 煎至两面呈金黄色时，取出沥油，切成小块。

5. 锅中留底油烧热，下入姜片炒香，再放入豆瓣酱、甜面酱、料酒炒匀。

6. 放入洋葱块煸炒一下，放入鸡腿肉煸炒2分钟，放入青、红椒块炒匀，加入味精调好口味，出锅装盘即可。

最香不过美味煎炸，
吃上一口，香脆酥嫩，
嗯，好吃。

第 三 章

脆香满屋的
煎炸

藕丁丸子

 使用食材

 烹饪步骤

莲藕200克
鲜香菇75克
鸡蛋1个
葱段、姜各5克
面粉2大匙
精盐、白糖、
蚝油各1小匙
味精、胡椒粉、
苏打粉各少许
酱油2小匙
植物油适量

1. 鲜香菇用清水浸泡并洗净，捞出沥净水分，去掉菌蒂，切成丁。

2. 莲藕去掉藕节，削去外皮，用清水浸泡并洗净，沥净水分。

3. 将莲藕先切成长段，再切成片，改刀切成细丝，放在碗内，加入胡椒粉、苏打粉、精盐、味精、鸡蛋、面粉及少许植物油搅拌均匀成馅料。

4. 净锅置火上烧热，加入少许植物油，放入葱段、姜片和香菇丁炒香，再加入酱油、蚝油、胡椒粉、白糖、味精和清水烧至收汁，出锅备用。

5. 用调制好的藕泥裹住香菇丁成丸子，再放入油锅内炸至金黄色，捞出沥油，装盘上桌即可。

风味炸鸡翅

🍆 **使用食材**

鸡翅中500克
鸡蛋1个
精盐、味精
各1/2小匙
番茄沙司、花椒盐
各1大匙
蚝油、料酒
各1小匙
淀粉100克
面粉3大匙
植物油750克(约耗75克)

🍚 **烹饪步骤**

1. 鸡蛋磕入碗中,加入少许精盐搅拌均匀,再加入淀粉、面粉、少许植物油调匀成鸡蛋浓糊。

2. 鸡翅中去掉绒毛,用清水洗净,捞出沥净水分,放入碗中,加入蚝油、精盐、味精、料酒腌渍15分钟。

3. 锅中加入清水烧沸,放入鸡翅焯烫一下,捞出沥水,再放入调好的鸡蛋糊内调拌均匀,挂匀鸡蛋糊。

4. 锅中加油烧至五成热,放入鸡翅用小火浸炸至熟,捞出,转大火将油烧至八成热,再下入鸡翅炸至色泽金黄、酥脆。

5. 捞出炸好的鸡翅,沥去油分,放入盘中。

6. 番茄沙司、花椒盐分盛在小蝶内,与鸡翅一起上桌即可。

干煸牛肉丝

 使用食材

 烹饪步骤

牛肉300克
芹菜30克
青蒜段15克
姜丝5克
精盐、辣椒粉
各1/2小匙
味精少许
白糖、酱油、
花椒油、料酒各2小匙
米醋1小匙
豆瓣酱4小匙
植物油2大匙

1. 将牛肉剔去筋膜，洗净，切成丝；芹菜择洗干净，切成小段。

2. 锅中加入植物油烧至六成热，放入牛肉丝炒至酥脆，再加入豆瓣酱、辣椒粉、白糖、料酒、酱油、精盐、味精炒匀。

3. 放入芹菜段、青蒜段、姜丝略炒，烹入米醋炒匀，盛入盘中，淋上花椒油即可。

TIPS

这道菜肉丝色泽酱红酥香，芹菜嫩绿清脆，能够促进食欲。

干炸里脊

使用食材

猪里脊肉300克
鸡蛋1个
面粉25克
精盐、味精
各少许
葱姜汁、
料酒、花椒盐
各2小匙
水淀粉5大匙
植物油适量

烹饪步骤

1. 猪里脊肉洗净，切成长条，再放入碗中，加入葱姜汁、精盐、味精、料酒腌渍入味。

2. 鸡蛋液、水淀粉、面粉加适量清水搅匀成蛋糊。

3. 锅中加油烧至六成热，将猪肉裹匀蛋糊，下入油中炸至浅黄色，捞出沥油，待油温升至七成热时，再下入锅中复炸一次，捞出装盘，跟花椒盐上桌蘸食即可。

红酒煎鹅肝

 使用食材

烹饪步骤

新鲜鹅肝2个
白萝卜1个
葡萄10粒
精盐、
黑胡椒粒、
白糖各少许
牛肉汁、面粉、
红酒、植物油
各适量

1. 葡萄去皮、去籽，切成两半；白萝卜去皮、洗净，切成两段，放入盘中；鹅肝洗净，切成大片，放入盘中，撒上少许精盐和黑胡椒粒。

2. 锅中加入植物油烧热，将鹅肝片两面粘匀面粉，入锅煎至熟嫩，取出，放在白萝卜段上。

3. 锅中加入底油烧热，放入葡萄粒略炒，再加入牛肉汁、白糖烧沸，转小火烧至汤汁浓稠，淋入红酒，浇在煎好的鹅肝片上即可。

脆皮粉炸肉

 使用食材

猪五花肉馅200克
蒸肉米粉50克
面包糠、
威化纸各适量
鸡蛋1个
精盐1/2小匙
海鲜酱油1小匙
豆瓣酱1大匙
鲜汤适量
植物油800克
（约耗70克）

烹饪步骤

1. 猪五花肉馅放入容器中，加入海鲜酱油、精盐、豆瓣酱、鲜汤搅拌均匀，放入盘中抹平。

2. 放入蒸锅中蒸熟，取出凉凉，切成小方块，裹匀蒸肉米粉，用威化纸卷起、包好。

3. 鸡蛋磕入碗中搅拌均匀，放入肉卷拖上蛋液，再蘸匀面包糠。

4. 放入热油锅中冲炸3分钟、呈金黄色时，捞出沥油，装盘上桌即可。

干煸大虾

🍆 **使用食材**

大虾400克
洋葱50克
蒜瓣、姜块
各10克
精盐、
辣椒粉、
胡椒粉、
玉米淀粉、
鱼露、
番茄沙司、
清汤、
植物油、
香油
各适量

🍲 **烹饪步骤**

1. 洋葱剥去外皮，洗净，先切成细条，再剁成碎末。

2. 蒜瓣去皮、洗净，切成末；姜块去皮、洗净，切成小片。

3. 大虾洗净，去掉虾须，挑出虾线，放入碗中，加入鱼露拌匀，腌渍一下，再拍匀玉米淀粉。

4. 锅置火上，加入植物油烧热，下入姜片炒香，捞出备用，放入大虾，用小火煎至熟脆，捞出沥油。

5. 锅中加入植物油烧至六成热，下入洋葱末、蒜末炒出香味，加入番茄沙司、精盐、辣椒粉、胡椒粉和清汤炒至浓稠。

6. 放入煎好的大虾，用小火烧至汤汁将尽时，转大火收汁，淋入香油即可。

脆皮炸鲜奶

 使用食材

 烹饪步骤

低脂牛奶500克
精盐1/3小匙
白糖5大匙
吉士粉1大匙
玉米粉100克
自发粉1杯
植物油650克
（约耗50克）

1. 将牛奶、玉米粉、白糖放入锅中，调拌成无颗粒的奶浆，再用中火煮至浓稠，倒入方盘中抹平，然后放入冰箱中冷藏至凝固，制成冻奶糕备用。

2. 将冻奶糕切成长方块；吉士粉、自发粉加入适量清水、精盐、植物油调匀，制成脆皮浆备用。

3. 坐锅点火，加油烧至四成热，将冻奶糕裹匀脆皮浆，入锅用中火炸至表皮呈金黄色时，捞出沥干油分即可装盘上桌。

TIPS

这道菜外脆里嫩，香酥可口，宜作下酒菜。

煎炒豆腐

 使用食材

豆腐500克
红辣椒、香菜梗
各25克
油菜心适量
精盐1／2小匙
味精少许
清汤3大匙
植物油100克

🍲 烹饪步骤

1. 豆腐洗净，切成长条块；红辣椒洗净，去蒂及籽，切成细丝；香菜梗洗净，切成小段。

2. 油菜心洗净，放入沸水锅中焯烫一下，捞出过凉，沥干水分，摆在盘子四周。

3. 炒锅置火上，加油烧热，先下入豆腐条煎至金黄色，再放入精盐、味精、清汤、辣椒丝、香菜段翻炒至入味即可。

TIPS

也添加少许韭菜，使其味道更加鲜美可口。

煎连壳蟹

 使用食材

 烹饪步骤

青蟹500克
面粉50克
净生菜2片
葱花、姜末各5克
精盐、味精各少许
酱油、香醋、香油
各2小匙
料酒5小匙
水淀粉3大匙
肉清汤适量
植物油750克
（约耗100克）

1. 将青蟹洗净，除去背壳、蟹鳃和下腹脐部，切成2厘米大的块，留下大小腿，去掉关节和脚爪，底板朝下摊放入盘中，撒上面粉。

2. 葱花、姜末放入碗中，加入酱油、香醋、料酒、味精、水淀粉、精盐和肉清汤调成芡汁。

3. 锅置大火上，加入植物油烧至七成热，下入蟹块炸至红色，倒入漏勺沥油。

4. 锅中加入少许植物油烧至六成热，下入炸好的蟹块，烹入芡汁翻炒均匀，淋入香油，出锅装入垫有生菜叶的盘中即成。

煎焖苦瓜

 使用食材

苦瓜500克
大蒜25克
葱花、精盐、
味精、豆豉、
辣椒油、
香油、植物油
各适量

烹饪步骤

1. 将苦瓜洗净，切成筒状，入开水锅中煮沸，捞出放入冷水中冲凉，取出去籽，改切成块备用。

2. 将大蒜去皮、洗净，切成片；豆豉用开水泡出味备用。

3. 锅置火上，倒入植物油烧热，下入苦瓜煎至两面呈金黄色时，放入大蒜片、精盐、辣椒油、味精和豆豉水烧焖入味，收干汤汁，淋入香油，撒入葱花即成。

TIPS

苦瓜具有明目、暖肝、清热的功效，非常适合夏天食用。

煎酿豆腐

 使用食材

 烹饪步骤

北豆腐1块
猪肉馅150克
鸡蛋1个
水发香菇片30克
净冬笋片25克
葱末、姜末各5克
精盐少许
淀粉、酱油、料酒
各1大匙
蚝油1/2大匙
香油1小匙
白糖、味精各适量
植物油3大匙

1. 猪肉馅放在容器内，加入少许鸡蛋液、葱末、姜末、料酒、香油、味精、淀粉搅匀。

2. 把北豆腐切成夹刀块，放入油锅中煎至两面呈金黄色时取出，片开成豆腐盒，再撒上少许淀粉，然后轻轻酿入调制好的肉馅成豆腐盒，码放在砂锅内。

3. 净锅置火上，放入少许植物油烧热，下入葱末、姜末炝锅出香味。

4. 放入笋片、水发香菇片和少许泡香菇的清水翻炒一下，再加上精盐、蚝油、酱油、料酒、白糖、味精炒匀成味汁。

5. 把炒好的味汁出锅，浇在豆腐上，然后将砂锅置火上，用小火炖10分钟，原锅上桌即可。

煎封大虾

 使用食材

大虾2个
洋葱末50克
蒜末5克
玉米淀粉、
番茄沙司、
清汤牛肉粉、
辣椒粉、
胡椒粉、鲜露、
植物油各适量

烹饪步骤

1. 将大虾顺背部划一刀，去除沙线，洗净，加入鲜露略腌，再拍匀玉米淀粉。

2. 锅中加入植物油烧至七成热，下入大虾煎炸至脆，捞出沥油。

3. 锅留底油烧热，下入洋葱末、蒜末爆香，再放入大虾，加入番茄沙司、清汤牛肉粉、辣椒粉、胡椒粉炒匀入味即可。

TIPS

当虾肉泛白，同时虾皮也发白的时候，证明虾肉熟了。

烤蒜马铃薯蓉

 使用食材

马铃薯2个
大蒜10瓣
黄油10克
牛油30毫升
忌廉40毫升
精盐、百里香
各3克
现磨四季胡椒
少许

 烹饪步骤

1. 将蒜瓣放入烤盘内，加入黄油。

2. 蒜瓣放入烤箱内烤至金黄色。

3. 马铃薯用水煮熟烂，沥净，加入忌廉、牛油；趁热把马铃薯磨成泥，搅打至轻薄松软。

4. 加入烤蒜后用精盐、现磨四季胡椒调味。

5. 把做好的薯蓉盛装，摆盘。

6. 点缀百里香。

TIPS

这道菜可以用鸡汤烹调，味道更加香浓。

苦瓜煎蛋

 使用食材

苦瓜150克
鸡蛋4个
香葱15克
精盐1小匙
味精1/2小匙
胡椒粉1/3小匙
植物油3大匙

 烹饪步骤

1. 鸡蛋磕入碗中，加入精盐、胡椒粉打散成鸡蛋液。

2. 香葱去根和老叶，洗净，切成碎粒。

3. 苦瓜洗净，一切两半，去掉瓜瓤，切成小薄片。

4. 放入加有少许精盐、植物油的沸水中焯烫一下，迅速捞出，放入冷水盆内浸泡至凉，捞出沥去水分。

5. 将苦瓜片放入盛有鸡蛋液的碗中搅拌均匀，锅中放油烧热，倒入苦瓜蛋液，用小火煎至底部凝固。

6. 淋上少许植物油，轻轻翻面煎至呈金黄色、熟透成蛋饼时，取出沥油，切成菱形小块，码放在盘内即可。

蛎黄煎饼

 使用食材

牡蛎肉300克
中筋面粉150克
香葱50克
鸡蛋3个
香葱50克
精盐、味精
各1/3小匙
胡椒粉适量
香油1/2小匙
植物油3大匙

 烹饪步骤

1. 鸡蛋磕入碗内搅匀，放入中筋面粉调匀成全蛋面糊。

2. 牡蛎肉，去掉杂质，洗净、沥水。

3. 放入加有少许精盐的沸水中快速焯烫一下，捞出沥干，放入碗中，加入精盐、味精、香油、胡椒粉、香葱末拌匀。

4. 牡蛎肉放入全蛋面糊中，用筷子充分搅拌均匀成浓糊。

5. 锅中加入适量植物油烧热，倒入适量牡蛎面饼浓糊，用中小火煎至两面呈金黄色、熟透，取出沥油，装盘即可。

脆浆炸直虾

 使用食材

 烹饪步骤

大虾12个
（约500克）

精盐、味精
各1/2小匙

淮盐1大匙

淀粉、脆浆
各适量

植物油1000克

1. 将大虾去壳、去头，挑去虾线，洗净，从腹部用刀横着间隔约1.5厘米剞上数刀，平码在盘中，加入精盐、味精略腌，再撒上淀粉。

2. 锅置火上，加入植物油烧至六成热，离火，将虾身裹匀脆浆，放入油锅中。

3. 置火上浸炸至熟，捞出沥油，码入盘中，随带淮盐上桌蘸食即可。

TIPS

虾中含有丰富的镁，能很好地保护心血管系统。

当红炸仔鸡

🥕 **使用食材**

仔鸡1只
洋葱末少许
蒜末、葱末、
姜末、八角、
花椒、桂皮、
精盐、鸡精、
料酒、酱油、
麦芽糖水、
清汤、
奶香沙拉酱、
鸡酱各适量

🍲 **烹饪步骤**

1. 将仔鸡洗涤整理干净，用调匀的蒜末、姜末、葱末、洋葱末、精盐、鸡精涂抹在鸡身内外，腌1小时。

2. 将腌好的仔鸡加入酱油、八角、桂皮、料酒、清汤拌匀，入蒸锅用大火蒸至熟烂，取出趁热抹上麦芽糖水。

3. 净锅置火上，加入植物油烧至八成热，放入蒸熟的鸡炸成金黄色，捞出切块。

4. 按鸡的原样码入盘中，随带奶香沙拉酱、鸡酱上桌蘸食即可。

煎冬瓜

🍆 使用食材

🍲 烹饪步骤

冬瓜750克
蒜瓣10克
葱花5克
精盐1/2小匙
红干辣椒15克
味精少许
酱油1小匙
植物油3大匙

1. 冬瓜用清水洗净，擦净表面水分，削去外皮，去掉瓜瓤；在冬瓜果肉的表面交叉剞上棋盘花刀，再切成块；红干辣椒去蒂、籽，切成碎末；蒜瓣去皮，洗净沥水，剁成蓉。

2. 净锅置火上，加入植物油烧七成热，先下入冬瓜块煎至两面微黄，取出，把锅内余油烧热，放入红干辣椒末、蒜泥和葱花煸炒出香辣味。

3. 加入酱油、精盐、少许清水烧沸，倒入煎好的冬瓜块焖烂，改用大火收浓汤汁，调入味精即可。

干炸棒鱼

🫑 使用食材

棒鱼4条
（约200克）
精盐、味精
各1/2小匙
胡椒粉1小匙
香油1/2大匙
淀粉、植物油
各适量

🍲 烹饪步骤

1. 将棒鱼去鳞、去鳃、除内脏，洗涤整理干净，在鱼身两侧剞上"让指花刀"，再加入精盐、味精、胡椒粉腌至入味，用竹扦串起备用。

2. 锅中加油烧至六成热，将腌好的棒鱼两面蘸匀淀粉，下油炸至熟透，呈金黄色时捞出，沥油装盘即可。

TIPS

棒鱼的肉质鲜美、细嫩，并且刺少，烤着吃也可以。

椒麻土豆丸

 使用食材

土豆400克
鸡蛋1个
芝麻适量
葱段30克
精盐1小匙
味精少许
花椒粉3小匙
淀粉2大匙
料酒2小匙
植物油适量

烹饪步骤

1. 葱段择洗干净，加上精盐剁成葱泥，放入碗中，再加入花椒粉拌匀成椒麻料。

2. 土豆去皮、洗净，放入蒸锅中蒸熟，取出凉凉，碾成土豆泥。

3. 放入大碗中，加入鸡蛋液、少许清水、花椒粉、淀粉、料酒搅拌均匀。

4. 取适量芝麻，洗净，晾干备用。

5. 将拌好的土豆泥挤成小丸子，滚粘上芝麻成土豆丸子生坯。

6. 锅中加入植物油烧热，下入土豆丸子生坯炸至金黄色，捞出沥油即可。

顾家炸蛋卷

 使用食材

 烹饪步骤

鸡蛋5个
芹菜2根
豆腐干1块
瘦肉150克
韭菜50克
面粉适量
葱花、姜米、精盐、
味精、黄酒、
白胡椒粉、水淀粉、
植物油各适量

1. 将芹菜、韭菜均洗净，切成2厘米长的段；豆腐干、瘦肉洗净，切成细丝；面粉加入1个鸡蛋和适量清水调成全蛋糊；其余鸡蛋磕入碗中打散，再加入少许水淀粉、精盐搅匀，放入锅中摊成蛋皮3张备用。

2. 锅置火上，加入植物油烧热，先下入葱花、姜米稍炒，再放入芹菜段、韭菜段、豆腐干丝、瘦肉丝、精盐、黄酒、味精炒熟，用水淀粉勾芡，撒入白胡椒粉，淋入植物油，做成馅心，然后包入蛋皮中，卷成圆条状备用。

3. 锅复置火上，加入植物油烧至六成热，下入挂匀全蛋糊的蛋卷炸呈金黄色，再倒入漏勺中沥油，然后切成斜段，装盘上桌即可。

锅炸里脊花

 使用食材

猪脊肉600克
番茄、黄瓜、
面粉各50克
精盐1小匙
味精1/2小匙
料酒5小匙
植物油500克

 烹饪步骤

1. 猪脊肉洗净、切成大片，刜上梳子花刀，每四刀切断一刀呈麦穗状，放入碗中，加入料酒、味精、精盐拌匀，腌20分钟，蘸匀面粉后抖散。

2. 锅中加油烧至五成热，下入脊肉炸2分钟捞出，待油温升至七成热时，复炸至熟透，捞入盘中，撒上精盐、味精。

3. 将腌好的肉抖散，蘸匀面粉，坐锅点火放入植物油，烧至五成热时，将蘸匀面粉的肉放入炸两分钟捞出，待油温升至七成热时，放入复炸一次，使其熟透稍焦脆后捞出入盘，撒上椒精盐、味精。

4. 将番茄、黄瓜切成片，拼在盘的周围即可。

红糟炸鳗段

 使用食材

鳗鱼1条
鸡蛋清1个
姜末、蒜末各20克
白糖3大匙
醪糟、酱油各1小匙
地瓜粉4大匙
红糖100克
高粱酒、
白胡椒粉各少许
植物油1000克
（约耗60克）

 烹饪步骤

1. 将鳗鱼去内脏，洗涤整理干净，切成小段。

2. 将姜末、蒜末放入大碗中，加入白糖、醪糟、酱油、红糖、高粱酒、白胡椒粉调匀，再放入鳗鱼段腌渍30分钟，托上蛋清，裹匀地瓜粉。

3. 锅中加油烧至五成热，放入鳗鱼段略炸，捞出沥油，待油温降至八成热时，再放入油锅炸熟，捞出装盘即可。

鳗鱼富含多种营养成分，具有补虚养血、祛湿等功效。

黄煎蛋蓉豆腐

 使用食材

豆腐16块
鸡蛋2个
面粉25克
葱段15克
精盐2小匙
味精、胡椒粉
各少许
香油1大匙
鸡汤、猪油
各100克

烹饪步骤

1. 将豆腐片去皮，切成长方片，摊放在平盘中，撒上适量精盐，浤去水分，然后在豆腐的两面撒上面粉备用。

2. 将鸡蛋磕入碗中搅散，浇在豆腐上备用。

3. 锅中加入猪油烧热，将裹匀蛋液的豆腐下入油锅中煎成两面黄色，再放入鸡汤、精盐、味精、胡椒粉焖至入味，加入葱段、香油，收干汤汁即可。

TIPS

如果喜欢食辣，可以放少许剁椒。

煎蒸银鳕鱼

使用食材

冻银鳕鱼250克
小红尖椒25克
香菜、姜块
各10克
大葱15克
精盐、料酒、
酱油、胡椒粉、
白糖、味精、
淀粉、植物油
各适量

烹饪步骤

1. 大葱去根和老叶，洗净，切成细丝。

2. 姜块去皮，洗净，切成丝。

3. 小红尖椒去蒂，切碎；香菜洗净，切成小段。

4. 冻银鳕鱼化冻，用干净的毛巾吸干表面水分，撒上淀粉静置；把精盐、酱油、料酒、胡椒粉、白糖、味精放入小碗内调拌均匀成味汁。

5. 净锅置火上，放入植物油烧热，加入银鳕鱼煎至金黄色，取出银鳕鱼，再放入蒸锅内，用大火蒸5分钟，出锅。

6. 将调好的味汁倒在银鳕鱼上，葱丝、姜丝、香菜、红尖椒拌匀，撒在银鳕鱼上，淋上烧热的植物油炝出香味，上桌即可。

让水蒸气都飘香四溢，
最营养、最健康，
蒸出来的美味全家尽享。

第四章

蒸出一锅
好味道

豉椒粉丝蒸扇贝

 使用食材

 烹饪步骤

扇贝500克

粉丝50克

红尖椒25克

葱花15克

精盐1小匙

鱼露1大匙

豆豉1/2大匙

料酒适量

植物油2大匙

1. 把扇贝刷洗干净，用小刀沿扇贝一侧将扇贝肉与贝壳分开，再把扇贝肉放入淡盐水中浸泡并洗净，沥净水分。

2. 粉丝用温水浸泡至发涨，捞出沥净水分，用剪刀剪成1厘米长的小段，红尖椒去蒂，用清水洗净，沥净水分，改刀切成碎粒。

4. 净锅置火上，加入少许植物油烧热，放入豆豉煸炒出香味，倒入鱼露，加入粉丝段，再烹入料酒翻炒均匀，出锅。

5. 把炒好的粉丝放在扇贝肉上，再放入扇贝壳内，放入蒸锅内，用大火蒸10分钟，取出。

6. 扇贝上撒上辣椒碎和葱花，再淋上少许烧热的植物油炝出香味，上桌即可。

豉椒蒸草鱼

 使用食材

草鱼1条
青椒丁、红椒丁
各少许
香葱丁、蒜末、
豆豉、蚝油、
酱油、白糖、
胡椒粉、味精、
香油、料酒、
植物油各适量

🍲 烹饪步骤

1. 豆豉剁碎，与蒜末分别下入热油中滑散，捞出凉凉，放入碗中，再加入蚝油、酱油、白糖、胡椒粉、味精、香油、料酒调匀成蒜泥豉汁。

2. 草鱼洗净，切下头尾，摆放在盘子的两端，再将草鱼去骨、取肉，切成厚片，放入盘中。

3. 将豉汁均匀地浇在鱼片上，再蒙上保鲜膜，入蒸锅蒸8分钟至熟，取出后撒上青椒丁、红椒丁、香葱丁，再将植物油烧热，淋入盘中即可。

豉汁蒸排骨

 使用食材

 烹饪步骤

猪排骨250克
葱段、蒜末、
水淀粉、生抽、
植物油各适量
精盐1/2小匙
豆豉、白糖
各1小匙

1. 将排骨洗净，斩成小块，放入碗中，加入豆豉、蒜末拌匀，再加入精盐、白糖、生抽、水淀粉、植物油腌制5分钟备用。

2. 蒸锅置火上，加水烧开，将葱段放在排骨上，移入蒸锅中，隔水蒸熟即可。

TIPS

选用猪小排，肥瘦相间，口感好，剁成小块更易入味。

干蒸芦笋鸡

 使用食材

仔鸡1只
（约1000克）
芦笋100克
蒜瓣25克
辣椒油1小匙
精盐、味精、
白糖、酱油、
陈醋、香油、
植物油各少许

🍲 烹饪步骤

1. 芦笋去根、去皮，洗净，沥去水分，切成10厘米长的段，蒜瓣去皮、洗净，沥净水分，放入小碗中捣烂成蓉。

3. 仔鸡去嗉子、内脏，切去鸡尖，剁去鸡爪，洗涤整理干净，放入沸水锅中焯烫去血水，捞出用清水冲净。

4. 锅中加入清水、少许精盐和植物油烧沸，放入芦笋条焯熟，捞出沥水，加入少许精盐调拌均匀，摆入盘中垫底。

5. 仔鸡放大碗内，入蒸锅用大火干蒸25分钟至熟，取出凉凉，剁成3厘米大小的块，整齐地码放在芦笋条上面。

6. 锅中加入植物油烧热，下入蒜泥炒香，加入酱油、陈醋，再加入白糖、味精炒匀，淋入辣椒油、香油，浇在鸡块上即可。

百叶蒸肉

 使用食材

🍲 烹饪步骤

肉末300克
百叶150克
胡萝卜30克
葱末10克
姜末5克
白糖、鸡精、
香油各适量
酱油1大匙

1. 肉末中加入葱末、姜末及适量酱油拌匀；百叶泡软并洗净，改刀切宽条；胡萝卜洗净，切末。

2. 百叶放入碗中，加入少许清水、酱油、白糖、鸡精、香油拌匀，再放入肉末入屉蒸熟。

3. 撒入胡萝卜末蒸2分钟，撒上葱末即可。

TIPS

猪肉不要太肥也不要太瘦，偏肥的五花肉口感最好。

鸡蛋蒸馍

 使用食材

玉米面200克
面粉800克
鸡蛋10个
白糖250克
熟猪油2大匙

烹饪步骤

1. 将玉米面、面粉拌和在一起，上蒸笼蒸熟后取出，用擀面杖擀细，过箩。

2. 鸡蛋磕入碗中，蛋黄、蛋白分开，分别用打蛋器顺一个方向搅打至起泡沫，再将蛋黄、蛋白混在一起，加入白糖和适量清水，与蒸熟的面粉和在一起，和成较松软的面团备用。

3. 取一些小圆碗，碗内抹少许猪油，将面团装入碗内，放入蒸笼中，用大火蒸10～15分钟即可熟。

酱香蒸羊排

🥫 使用食材

🍲 烹饪步骤

羊排400克
米粉100克
葱末、姜末、
香菜末、
精盐、白糖、
料酒、腐乳、
甜面酱、
豆瓣酱、
酱油、香油、
植物油各适量
荷叶1张

1. 米粉放入净锅内，用小火翻炒片刻，出锅装入碗内凉凉。

2. 锅中加入植物油烧至六成热，下入葱末、姜末爆出香味，加腐乳、精盐、料酒、豆瓣酱、甜面酱、酱油、白糖炒成味汁。

3. 羊排洗净，先顺长切成长条，再剁成4厘米大小的块，放入盆中。

4. 倒入炒制好的味汁调拌均匀，腌渍30分钟，取出沥水，放入容器内，撒上米粉拌匀，再滴入香油调匀。

5. 取笼屉1个，用洗净的荷叶垫底，放上羊排块，蒸锅加入清水烧沸，放入盛有羊排的笼屉蒸约50分钟。

6. 取出笼屉，趁热撒上葱姜末和香菜叶，淋少许香油即可。

笼蒸螃蟹

 使用食材

 烹饪步骤

河蟹750克
鲜荷叶、
马蹄莲草
各适量
醋姜汁（姜末
25克，精盐1小
匙，香醋2大
匙，香油2小
匙）

1. 马蹄莲草放入淡盐水中浸泡回软，捞出冲净。

2. 将河蟹刷洗干净，用泡好的马蹄莲草将每只蟹的腿捆牢。

3. 将鲜荷叶刷洗干净，铺在笼屉内，再将河蟹脐朝下放在荷叶上。

4. 用大火蒸约10分钟，取出装盘，食用时蘸姜醋汁即可。

TIPS

蒸前可先用适量白酒稍稍腌渍，味道更佳。

白果蒸鸡

 使用食材

烹饪步骤

仔鸡1只
（约1200克）
白果250克
菜心150克
葱段、姜片
各10克
八角、山奈、
白蔻各5克
精盐、味精、
冰糖、料酒
各少许

1. 仔鸡洗涤整理干净，用酒精燎去绒毛；菜心择洗干净，放入沸水中焯熟，捞出沥干。

2. 白果洗净，放入碗中，加入冰糖水，放入蒸锅蒸约1小时，取出。

3. 仔鸡装入大碗中，腹中填入白果、八角、山奈、白蔻、葱段、姜片，加入料酒、精盐、味精及适量清水，放入蒸锅蒸1小时，取出，用菜心点缀即可。

TIPS

白果生食或熟食过量会引起中毒，同时不能与鱼同食。

冬菜蒸爽肚

 使用食材

熟猪肚400克
冬菜50克
净油菜6棵
红椒丝、姜丝
各少许
味精1/2小匙
白糖1小匙
海鲜酱油3大匙
植物油2大匙

烹饪步骤

1. 将熟猪肚片成片；冬菜用温水冲洗干净，切成小粒，与猪肚片一起放入容器中，加入海鲜酱油、白糖、味精拌匀。

2. 将拌好的猪肚片摆入盘中，油菜放在盘子两侧，入锅蒸5分钟，取出，撒上姜丝、红椒丝。

3. 锅置火上，加入植物油烧至八成热，起锅浇淋在猪肚上即成。

榄菜虾干蒸芥蓝

 使用食材

芥蓝200克
虾干、橄榄菜
各20克
葱花5克
精盐、香油
各少许
海鲜酱油1小匙
植物油3大匙

烹饪步骤

1. 芥蓝去皮洗净，放入沸水锅中焯烫片刻，取出后用凉水冲凉，沥干水分，装入盘中。

2. 锅中加油烧热，放入虾干、橄榄菜炒出香味，加精盐炒匀，出锅倒在芥蓝上，上笼蒸4分钟，取出放入葱花，淋入香油，倒入海鲜酱油即可。

TIPS

芥蓝菜有苦涩味，可以加入少量糖和酒来改善口感。

百合蒸南瓜

 使用食材

 烹饪步骤

老南瓜600克
鲜百合100克
白糖适量

1. 将老南瓜去皮、去瓤、洗净，切成薄片，皮的方向朝下放入碗中；鲜百合洗净，放入南瓜碗中，加入白糖，入笼蒸熟备用。

2. 将碗内的南瓜翻扣入盘中即可上桌。

TIPS

百合兼具美食与中药的双重身份，有润肺止咳、清心安神的功效。

百花蒸酿芦笋

 使用食材

鲜芦笋300克
虾胶200克
虾子10克
蛋清适量
精盐、味精、
料酒、胡椒粉、
水淀粉、香油、
植物油各适量
上汤150克

烹饪步骤

1. 将鲜芦笋去根、去皮，洗净，切成段，每段中部切出一道切口，
   制成双连段，放入加有少许精盐、植物油的沸水中焯烫至断生，
   捞出过凉，沥干。

2. 将虾胶酿入芦笋切口内，蘸上蛋清抹平，再撒上虾子，放入盘
   中，入笼蒸熟，取出，滗出蒸汁。

3. 锅中加油烧热，先添入上汤，再加入料酒、精盐、味精、胡椒粉
   调匀，然后用水淀粉勾芡，淋入香油，出锅浇在酿芦笋上即可。

酒酿清蒸鸭子

使用食材

鸭子1只
干莲子50克
葱段、姜片、
精盐、鸡精、
胡椒粉、料酒
各适量
清汤2000克

烹饪步骤

1. 干莲子入沸水锅内，边煮边用炊帚反复推擦几次，捞出莲子，放入冷水中反复冲洗干净，用牙签捅掉莲子心。

2. 鸭子用清水洗净，放入沸水锅内焯烫一下，捞出冲净。

3. 擦净鸭子表皮的水分，用精盐、料酒抹匀鸭子内外，再将葱段、姜片放入鸭腹内，腌渍3小时。

4. 把鸭子腹部朝上放入砂锅内，倒入清汤淹没鸭子，盖严锅盖，放入蒸锅内，用大火蒸约40分钟。

5. 取出鸭子，剁成大块，再放回砂锅内，加入莲子，盖上盖，放入蒸锅内再次蒸约20分钟至熟。

6. 撇去浮沫，加入精盐、鸡精、胡椒粉调味，原锅上桌即可。

梅菜蒸排骨

 使用食材

 烹饪步骤

小排骨400克
梅干菜75克
蒜瓣10克
料酒1大匙
白糖、淀粉
各1小匙
精盐少许
排骨酱、
植物油各适量

1. 小排骨洗净，沥水，加上淀粉拌匀；梅干菜用温水浸泡，换清水洗净，沥水，切成碎粒。

2. 净锅置火上，放入植物油烧至五成热，加入蒜瓣炒出香味，放入梅干菜粒、料酒、精盐、白糖和排骨酱炒匀成味汁，盛出。

3. 将小排骨放入味汁内调拌均匀，码放在盘内，放入蒸锅内大火蒸熟，出锅装盘即可。

粉蒸肉

🍆 使用食材

🍲 烹饪步骤

猪五花肉500克
糯米、大米
各75克
八角、精盐、
酱油、白糖、
料酒、五香粉
各适量

1. 将五花肉洗涤整理干净，切成长薄片备用。

2. 将大米、糯米、八角下入锅中炒成黄色，拣去八角，出锅晾凉，磨成粗粉备用。

3. 在肉片中加入料酒、酱油、白糖、精盐、五香粉拌匀腌渍入味，再加入清水40克，倒入米粉裹匀肉片，摆入碗中，放入蒸锅中蒸熟，取出扣入盘中即可。

陈皮蒸白鳝

 使用食材

白鳝1条
蒜15粒
陈皮2块
香菜适量
料酒2小匙
淀粉1小匙
精盐、蚝油
各适量
香油1/2小匙
植物油2000克
（实耗60克）

烹饪步骤

1. 蒜放入滚油内炸至金黄，盛起备用，陈皮加水浸软，刮净瓤切丝。

2. 白鳝用精盐擦净表皮，刮净，洗净切厚片，下料酒、淀粉、精盐、蚝油拌匀上碟，加蒜、陈皮丝隔水大火蒸8分钟，淋香油，撒上香菜即可。

TIPS

　　鳝鱼切成3厘米的厚片口感最佳，加入适量陈皮能出去鳝鱼的腥味和泥味。

葱油蒸鸭

 使用食材

光肥鸭1只
（约1500克）
葱5根
花椒、精盐、
淀粉、米醋、
植物油各适量

烹饪步骤

1. 将光肥鸭从脊背处开口，去内脏，洗净沥水，用淀粉均匀地抹在鸭身上；葱洗净，葱白切成段备用。

2. 锅置火上，放入植物油烧至七成热时，将鸭肚向下放入锅中，炸至外皮起小泡时，倒入漏勺沥油备用。

3. 原锅置大火上，加入4杯清水、米醋、花椒、精盐和鸭子煮沸，撇去浮沫，盖上盖，转小火焖烧约5分钟，取出放入盘内（鸭肚向上），再放入葱段，上笼蒸约2小时至鸭肉酥烂时取出，拣去葱段备用。

4. 炒锅置火上，放入植物油烧至五成热时，下入葱白段炸至呈金黄色时，连油带葱浇在鸭身上即可。

草菇蒸鸡

 使用食材

 烹饪步骤

雏母鸡肉350克
干草菇100克
葱段、姜片
各10克
精盐、白糖、
香油各少许
酱油1小匙
料酒、水淀粉
各2小匙

1. 干草菇放入盆中，加入开水，盖上盖后泡发，捞出草菇，原汤澄清后留用。

2. 将草菇放入温水盆中，去蒂，撕去表皮，用清水漂洗净泥沙，放入碗中。

3. 雏母鸡肉洗净，剁成小块，放入盆中，加入草菇、澄清的草菇汤、精盐、酱油、料酒、白糖、香油、水淀粉、葱段、姜片拌匀。

4. 上屉用大火蒸约20分钟，取出，拣去葱段和姜片即可上桌。

茶叶蒸鲫鱼

 使用食材

 烹饪步骤

鲫鱼2条
（约500克）
鲜茶叶100克
葱段、姜片、
精盐、味精、
胡椒粉、料酒、
水淀粉、鲜汤
各适量

1. 将鲫鱼宰杀，洗涤整理干净，加入姜片、葱段、料酒、胡椒粉、味精、精盐腌渍10分钟备用。

2. 将茶叶洗净，一部分放入鱼腹，一部分撒于鱼身，其余备用。

3. 将鲫鱼放入盘中，入笼蒸熟，取出，拣去姜片、葱段及鱼身上的茶叶。

4. 锅中加入鲜汤烧沸，下入茶叶略煮，用水淀粉勾芡，趁热浇在鱼身上即可。

锦绣蒸蛋

使用食材

鸡蛋3个
虾仁、带子、
火腿各20克
青椒、红椒
各15克
葱末、姜末
各5克
精盐、味精、
鸡精各1/2小匙
白糖、胡椒粉
各1/3小匙
水淀粉1大匙
香油1小匙
植物油2大匙

烹饪步骤

1. 虾仁去除沙线，洗净、沥水；带子洗净，切成小丁。

2. 火腿刷洗干净，切成丁；青椒、红椒去蒂、洗净，切成丁。

3. 白糖、精盐、味精、鸡精、胡椒粉放入碗中调成味汁。

4. 鸡蛋打入碗中搅散，加入适量清水调匀成鸡蛋液，倒入深盘中，用保鲜膜封好，放入蒸锅内，置火上烧沸，转小火蒸5分钟，开盖后续蒸2分钟，取出。

5. 锅置火上，加入植物油烧至四成热，下入葱末、姜末炒香，放入虾仁、带子、火腿丁、青椒丁、红椒丁炒匀。

6. 倒入调好的味汁煮沸，用水淀粉勾芡至浓稠，淋上香油，出锅均匀地浇在蒸好的鸡蛋糕上即可。

一桌子的美食怎能没有凉拌菜，
沙拉的香甜、陈醋的浓郁……
一定是最受欢迎的一道菜。

第五章

最下饭的
凉拌菜

海米拌双椒

 使用食材

烹饪步骤

青椒300克
红椒50克
海米30克
蒜末10克
姜末5克
精盐、酱油、
白醋各1小匙
料酒1/2大匙
味精、白糖各1/2小匙
花椒油、香油各2小匙

1. 将海米放入碗中，加入温水浸软，捞出沥水，再加入姜末、白醋、料酒、酱油拌匀。

2. 将青、红椒均去蒂及籽，洗净，下入加有少许精盐的沸水中焯约1分钟，捞出沥水。

3. 将青、红椒切成丝，放入碗中，加入精盐、味精、白糖，淋入花椒油拌匀，装入盘中。

4. 浇入调味汁、海米，再撒上蒜末，淋入香油即可上桌食用。

拌瓜皮虾

 使用食材

 烹饪步骤

黄瓜500克
水发海蜇皮250克
虾仁50克
姜末、精盐、
味精、白糖、
米醋、料酒、
香油各适量

1. 将水发海蜇皮撕去皮膜，洗去泥沙、咸味，切成粗丝，挤干水分备用。

2. 将黄瓜洗净，顺长切成两半，再斜刀剞上"蓑衣花刀"，断成3厘米长的段，用精盐腌软，挤干水分备用。

3. 将虾仁去沙线、洗净，放入烧热的香油中炒香，再烹入料酒炒匀，盛入碗中备用。

4. 将海蜇丝、黄瓜段、虾仁、姜末放入盆中，加入味精、白糖、米醋、香油拌匀即可。

菠菜拌豆腐皮

 使用食材

腐竹200克
菠菜300克
姜末6克
精盐1小匙
味精、胡椒粉
各1/2小匙
植物油2大匙

烹饪步骤

1. 菠菜择洗干净，切成4厘米长的段；腐竹用温水泡软，切成小条。

2. 锅中加入适量清水烧沸，放入菠菜焯烫一下，捞出过凉，沥干水分，装入盘中。

3. 锅中加油烧热，放入姜末炒香，再放入腐竹略炒，加入精盐、味精炒匀，出锅装入菠菜盘中，再加入少许精盐、味精、胡椒粉拌匀即可。

TIPS

菠菜不要烫的过烂，烫后立即过凉，以免变黄影响美观。

陈醋螺头拌菠菜

 使用食材

 烹饪步骤

大海螺2个
菠菜150克
蒜蓉15克
精盐、陈醋、
花椒油、
植物油各适量

1. 菠菜去根和老叶，用清水浸泡并洗净，切成3厘米长的段，放入加有少许植物油、精盐的沸水中略焯，捞出，快速放入冷水中冲凉，再捞出菠菜段挤干水分。

2. 大海螺用刷子刷洗干净，放入淡盐水中浸养12小时，取出。

3. 砸碎螺壳后取海螺肉，加入少许精盐，揉搓均匀去除黏液，把海螺肉换清水洗净，沥净水分，片成连刀片。

4. 锅中加入清水烧沸，放入海螺片焯烫一下，捞出沥水。

6. 海螺片和菠菜段放入容器中，放入蒜蓉调拌均匀入味，加入陈醋、精盐，淋上烧热的花椒油拌匀即可。

川北凉粉

🍆 **使用食材**

豌豆500克
葱花、姜汁、
蒜蓉、米醋、
白糖、
水淀粉、
辣椒油各适量

🍲 **烹饪步骤**

1. 将豌豆脱壳，磨成细粉，加入清水搅成浆，用纱布箩筛过滤，去尽渣质，取浆沉淀，滗去清水不要，留中层水粉下层"砣粉"。

2. 锅内加上清水烧沸，下入水淀粉搅匀，再沸后下入"砣粉"烧至熟透。

3. 出锅放容器内，冷却至凝结，取出，切成小条（或薄片），码放在盘内。

4. 把葱花、姜汁、蒜蓉、米醋、白糖和辣椒油放在碗内调匀成味汁，淋在凉粉上即成。

凉拌葱油笋丝

 使用食材

莴笋750克
葱油25克
香油1小匙
味精2/5小匙
精盐适量

 烹饪步骤

1. 把莴笋削去外皮，洗净，切成3.5厘米长的细丝；葱切成丝炸出葱油。

2. 莴笋丝放容器内，加凉开水漂洗净捞出，沥去水。

3. 把莴笋丝放入容器内，加入精盐（可按个入口味酌情添加精盐，但最多不能超过3克）拌匀，腌渍5分钟，沥去水。

4. 加葱油、味精、香油，拌匀即可。

粉皮拌鸡丝

 使用食材

鸡胸肉1块（约
250克）
绿豆粉皮200克
鸡蛋清少许
姜片、蒜瓣、
精盐、味精、
酱油、
水淀粉、香油
各适量

 烹饪步骤

1. 绿豆粉皮用清水浸泡并洗净，取出沥水，切成小条，放入沸水锅中略烫，捞出沥水。

2. 姜片切成细末；蒜瓣去皮、洗净，剁成细末。

3. 鸡胸肉洗净，先切成薄片，再切成长5厘米的细丝，放入碗中，加入鸡蛋清、少许精盐、味精、水淀粉拌匀，锅中加入清水烧沸，放入鸡肉丝焯烫至熟，捞出沥水。

4. 绿豆粉皮放入大盘内，放上焯烫好的熟鸡肉丝。

5. 姜末、蒜末、精盐、酱油、香油放入小碗中调匀成味汁。

6. 将味汁碗和盛有鸡肉丝和粉皮的盘子入冰箱冷藏至凉透，食用时取出，把味汁浇淋在粉皮和鸡肉丝上拌匀即可。

干贝拌西蓝花

 使用食材

西蓝花250克
干贝50克
姜片、葱段
各5克
精盐、味精
各1/2小匙
料酒、植物油
各1小匙

烹饪步骤

1. 西蓝花掰成小朵，用清水洗净，放入沸水锅中焯烫至熟嫩，捞入冷水中漂凉，沥去水分。

2. 干贝放入清水中浸泡并洗净，捞出沥水，放入盆中，加入姜片、葱段、料酒、少量清水，入笼蒸约2小时至干贝涨发，取出凉凉，撕成细丝。

3. 将西蓝花放入盆中，加入精盐、味精拌匀，再加入植物油，撒上干贝丝翻拌均匀，装盘上桌即成。

橄榄油腌西葫芦沙拉

 使用食材

西葫芦100克
樱桃番茄20克
橄榄油10克
精盐适量

烹饪步骤

1. 将西葫芦洗净，切成薄片，放入沸水中煮熟，再放入冰水中投凉，捞出沥干备用。

2. 将樱桃番茄洗净，加入橄榄油拌匀，放至扒板上扒至外皮开裂。

3. 将西葫芦、樱桃番茄摆入盘中。

4. 淋入橄榄油，撒上精盐即可上桌食用。

TIPS

西葫芦能改善肌肤的颜色，对面色暗黄的人群有很好的功效。

枸杞拌螺片

 使用食材

螺片300克
枸杞子少许
美极鲜、香醋、
白糖、葱油
各1小匙
精盐3/5小匙
味精1/5小匙
辣椒油1/2小匙
葱段适量

烹饪步骤

1. 螺片和枸杞放在锅里焯一下水，捞出冲凉备用。

2. 螺片和枸杞子用美极鲜、精盐、香醋、白糖、葱油、辣椒油拌匀入味，加入葱段即成。

TIPS

调味料中可重用糖、醋，则成为糖醋螺片。也可以加入菠萝块，另有一番口味。

菇椒拌腐丝

 使用食材

 烹饪步骤

干豆腐200克
水发香菇100克
红甜椒、青椒
各25克
香油2大匙
姜丝10克
精盐2小匙
白醋、味精
各3/5小匙
白糖1小匙

1. 把干豆腐切成细丝；水发香菇去蒂，洗净，挤去水；红甜椒、青椒均去蒂、去籽，洗净，分别切成细丝。

2. 锅里放入清水烧开，下入干豆腐丝，用大火烧开，改用小火焯约5分钟，捞出，沥去水，凉凉，锅里的水倒出。

3. 把凉透的干豆腐丝放入容器内，加入精盐、白醋、味精、白糖，拌匀，均匀地摊放在盘内。

4. 锅里放入香油烧热，下入姜丝煸炒至出香味，下入香菇丝煸炒约2分钟，至熟透，下入红甜椒丝、青椒丝，撒入精盐、味精，翻炒约半分钟，出锅，盛放在盘内干豆腐丝上即可。

海鲜拌菜

 使用食材

墨鱼仔、虾仁
各50克
大白菜300克
胡萝卜丝、
黄瓜丝各20克
精盐1小匙
味精适量
香油2小匙

🍲 烹饪步骤

1. 墨鱼仔、虾仁分别用沸水焯烫一下，捞出装盘沥水。

2. 大白菜切条，和墨鱼仔、虾仁、胡萝卜丝、黄瓜丝装入同一碗中，加入精盐、味精、香油拌匀入味即成。

TIPS

这道菜非常适合夏天食用，清凉爽口、开胃提神。

海蜇鸡柳

 使用食材

鸡胸肉300克
海蜇皮150克
鸡蛋清1个
香菜适量
蒜末5克
精盐1/2小匙
白糖、芝麻酱
各1小匙
白醋1大匙
胡椒粉、水淀粉、
香油、植物油各适量

 烹饪步骤

1. 海蜇皮用清水反复浸泡以去除咸腥味，捞出沥干，卷成卷，切成细丝，放入热水中稍烫一下，捞出沥水。

2. 香菜去根和老叶，洗净，切成4厘米长的小段。

3. 鸡胸肉剔除筋膜，洗净，切成5厘米长的细丝，放入碗中，加入少许精盐、白糖、鸡蛋清、香油、胡椒粉、水淀粉拌匀。

4. 锅中加油烧热，下入鸡肉丝浸炸至八分熟，捞出沥油，锅中留少许底油烧热，下入蒜末爆炒出香味。

5. 放入芝麻酱炒匀，加入精盐、白糖、白醋炒至浓稠，再放入滑好的鸡肉丝用大火快速炒匀。

6. 用水淀粉勾芡，加入蜇皮丝稍炒，撒上香菜末，出锅装盘。

火龙果海鲜沙拉

🍆 **使用食材**

🍲 **烹饪步骤**

火龙果1个
熟虾仁50克
西芹50克
核桃仁碎5克
蛋黄酱25克

1. 西芹择洗干净，切成小块，下入沸水锅中焯透后过凉。

2. 火龙果肉切小块。

3. 将西芹块与火龙果块均放入盛器内。

4. 放入虾仁、蛋黄酱。

5. 所有原料调拌均匀后装盘。

6. 点缀核桃仁碎即可。

TIPS

火龙果功能独特，含有植物性白蛋白以及花青素，丰富的维生素和水溶性膳食纤维。

红油菠菜炝猪肝

 使用食材

 烹饪步骤

猪肝300克
菠菜段200克
葱末、姜末
各10克
花椒末5克
精盐、味精、
白糖、料酒、
米醋、酱油
各1小匙
香油1大匙

1. 猪肝切片，加入料酒、米醋、精盐，用手抓匀，腌渍3分钟，下入沸水锅中焯熟，捞入大碗中。

2. 菠菜段焯熟，捞入盛有猪肝的碗中。

3. 净锅中加入香油烧热，下入葱末、姜末、花椒末，煸炒出浓香味，出锅倒入小碗中，加入米醋、酱油、味精、白糖，调匀成味汁。

4. 将味汁淋入碗中，与菠菜段、猪肝拌匀即可。

黄豆拌海带

 使用食材

黄豆50克
海带100克
蒜末10克
精盐、味精、
白糖各1/2小匙
香醋、香油
各1小匙

烹饪步骤

1. 将海带泡软，洗去泥沙，切成小丁，再放入沸水中烫透，捞出沥干水分；黄豆洗净、泡软，放入锅中，加适量清水煮熟，捞出备用。

2. 将黄豆和海带丁放入大碗中，加入白糖、香醋、精盐、味精、香油、蒜末调拌均匀，即可上桌食用。

TIPS

黄豆含有丰富的维生素E，它通过调节细胞内信号传导系统来发挥抗肿瘤作用。

蚝汁拌菠菜

 使用食材

菠菜300克
蒜末10克
蚝油1大匙

 烹饪步骤

1. 将菠菜择洗干净，放入滚水中焯烫一下，捞出后浸入凉开水中，待凉捞起，以手轻轻挤干水分，再对切一半，装入盘中。

2. 将蒜末撒在菠菜上，淋上适量蚝油即可上桌食用。

TIPS

菠菜不宜与牛奶、豆腐、猪肝、黄豆同食，否则会影响部分微量元素的吸收。

红菜头拌脐橙

🍆 使用食材

脐橙1个
红菜头50克
西生菜20克
柠檬1个
红椒、青椒
各1克
红酒醋、
橄榄油各20克
黑椒碎1克

🍽 烹饪步骤

1. 橙子洗净去皮，取肉。

2. 红菜头切条，西生菜撕成小块，柠檬榨汁。

3. 红椒、青椒、橙皮切碎。

4. 碗内放入橄榄油、红酒醋、柠檬汁、精盐、黑椒碎、红椒碎、青椒碎、橙皮碎，调拌均匀成沙律汁。

5. 将原料摆盘，淋上沙律汁即可。

苦瓜拌蜇头

 使用食材　　 烹饪步骤

海蜇头200克
苦瓜100克
精盐、味精
各1/2小匙
米醋1大匙
姜汁4小匙
鲜汤2大匙
香油2小匙

1. 将海蜇头放入温水中泡透，洗去泥沙及表面盐分，用清水冲净，再切成细丝，放入沸水中焯烫一下，捞出冲凉，沥干水分。

2. 苦瓜洗净，剖开去瓤，切成薄片，再用少许精盐略腌，挤去水分，与海蜇丝一同摆入盘中。

3. 精盐、味精、姜汁、米醋、香油、鲜汤放入小碗中调匀，淋在海蜇丝上，拌匀即可。

芦笋拌鲜贝

 使用食材

芦笋100克
鲜贝50克
蟹子2克
木耳10克
柠檬汁2克
黑水榄1粒
精盐、胡椒少许
橄榄油20毫升

 烹饪步骤

1. 芦笋烫熟，冰水过凉；芦笋切段；黑水榄切圈。

2. 用入精盐、橄榄油、柠檬汁把芦笋拌匀后，和黑水榄圈摆入盘中。

3. 鲜贝用精盐、胡椒粉、柠檬腌制后煎熟。

4. 鲜贝放入摆好的芦笋盘中。

5. 放入蟹子和木耳。

6. 撒上胡椒即可。

怪味白菜

 使用食材

大白菜250克
甜椒50克
葱花10克
精盐1小匙
味精1/3小匙
芥末膏2小匙
白糖、白醋、
香油各少许
辣椒油、黄油
各适量

烹饪步骤

1. 大白菜去根，片成片，加上少许精盐腌渍30分钟，洗净，沥水；甜椒去蒂、去籽，切成薄片。

2. 将精盐、味精、白糖、白醋、香油、黄油、芥末膏放容器内调拌均匀成味汁，再放入白菜帮、甜椒片腌泡至入味。

3. 将腌泡好的白菜片和甜椒片装入盘中，淋上辣椒油，撒上葱花即可。

TIPS

怪味白菜帮是四川省传统的汉族名菜，经常食用能提高人体新陈代谢，增强机体免疫力和抵抗力。

胡萝卜炝冬菇

 使用食材

冬菇300克
莴笋、胡萝卜
各50克
葱丝、姜丝
各5克
精盐1小匙
味精、白糖
各1大匙
花椒油2大匙

烹饪步骤

1. 冬菇去蒂、洗净，切成粗丝；莴笋、胡萝卜分别去皮、洗净，均切成粗丝。

2. 锅中加入清水，放入冬菇丝烧沸，再放入莴笋丝、胡萝卜丝焯约半分钟，捞出沥水。

3. 放入大碗中，加入精盐、味精、白糖拌匀，撒上葱丝、姜丝，浇上烧热的花椒油即可。